AF465513

ÉTRENNES BORDELAISES,

OU

DÉTAIL GÉNÉRAL

DU

SÉJOUR DE MADAME

A BORDEAUX,

DEPUIS SON ARRIVÉE JUSQU'A SON DÉPART, AVEC LES PROCLAMATIONS, ARRÊTÉS, AVIS OFFICIELS, DISCOURS, COMPLIMENS, PIÈCES DE VERS, COUPLETS, etc. PUBLIÉS OU FAITS A CETTE OCCASION;

ENSEMBLE SES EXCURSIONS DANS LES ENVIRONS DE CETTE VILLE ET SES VOYAGES AUX VILLES VOISINES.

Recueillis et mis en ordre

PAR P. J. BR.

SUIVI

D'UN CALENDRIER POUR L'AN BISSEXTIL

1824.

ÉTRENNES BORDELAISES.

L'amour des Français pour leur roi et pour son auguste famille a été chanté par plusieurs grands poëtes. L'un d'eux a dit :

Eh ! qui sait mieux aimer que le cœur du Français ?

Mais cet amour pour leurs souverains ne s'est jamais exprimé avec plus d'enthousiasme, avec de plus vives démonstrations, que pour l'illustre fille de Louis XVI, S. A. R. Madame, duchesse d'Angoulême. Sa rentrée à Bordeaux a excité les mêmes transports que sa première apparition ; et ce qui paraîtra étonnant à ceux qui ne connaissent point les cœurs bordelais, c'est que, pendant cinq mois que cette vertueuse princesse a habité notre ville, sa présence a constamment fait naître le

1

même empressement à l'accueillir, la même alégresse dans toutes les ames, la même ivresse de bonheur dans toutes les classes de la société : les personnes qui l'avaient vue le matin la revoyaient le soir avec un nouveau plaisir, et l'on ne remarqua jamais, pendant un séjour si heureusement prolongé, ni refroidissement, ni tiédeur.

En mettant au jour ce petit volume, nous pensons faire plaisir aux Bordelais. Le souvenir de tout ce qui s'est passé pendant le courant de l'été de 1823 doit être cher aux habitans de *là cité fidèle*, c'est une époque qui marquera dans les annales de la ville du Douze-Mars et en sera l'une des parties les plus intéressantes. Avec quelle satisfaction les descendans des personnes, que son altesse royale a daigné admettre à sa table, ne liront-ils pas les pages où cette honorable distinction se trouvera consignée ? avec quel plaisir ne parcourront-ils pas les domaines qu'elle a bien voulu visiter ? avec quel contentement ne se rappelleront-ils pas les paroles flatteuses qu'elle a adressées à leurs pères ? Tous ces motifs réunis nous ont engagés à offrir le présent recueil pour étrennes aux véritables Bordelais.

Quoique la pièce suivante n'appartienne pas proprement au séjour de MADAME à Bordeaux, cependant comme elle est la première qui a annoncé officiellement l'arrivée prochaine de son altesse royale, et qu'elle se rattache à de grands souvenirs, nous avons jugé à propos de la placer en tête de notre travail.

Extrait des registres des arrêtés du maire de la ville de Bordeaux, du 7 mars 1823.

Le maire de la ville de Bordeaux, chevalier des ordres royaux de S. Louis et de la légion-d'honneur, considérant que l'anniversaite du 12 mars 1814, jour à jamais mémorable, est solennisé, chaque année, par de religieuses actions de graces, et par la manifestation d'un loyal enthousiasme, dont quelques dispositions administratives secondent les franches démonstrations :

Considérant que la ville de Bordeaux se flatte de l'espoir de posséder bientôt son auguste héroïne, et le prince chéri dont les cœurs bordelais ont accueilli ces bienveillantes paroles : *voici le plus beau jour de ma vie*, paroles que son altesse royale prononça le 12 mars, touché des démonstrations de leur amour ; que, s'il n'entre pas dans les vues de leurs altesses royales d'embellir, par leur présence, le neuvième anniversaire de cette grande époque, la certitude de leurs bienveillantes intentions et l'attente de leur arrivée prochaine sont des circonstances bien propres à faire éclater les sentimens que nous leur avons voués.

Après s'être concerté avec monseigneur l'archevêque de Bordeaux et M. le maréchal-de-camp commandant la première subdivision de la 11me. division militaire, arrête :

Art. I. Mercredi 12 du courant, à la pointe du jour, la fête du Douze-Mars sera annoncée par le son de la cloche de l'hôtel-de-ville. — Tous les édifices publics arboreront le drapeau blanc.

II. A dix heures et trois quarts, le corps municipal en cortège sortira de l'hôtel-de-ville, pour se rendre à l'église métropolitaine, où sera célébrée la Messe solennelle, votée à perpétuité par le chapitre.

III. Durant la cérémonie religieuse, il sera fait une quête dont le produit contribuera à accroître les secours distribués, par les bureaux de charité, aux familles indigentes.

IV. A l'issue de la Messe, les autorités et fonctionnaires se rendront sur le cours de Tourny, où la garde nationale à pied et à cheval, et les troupes de la garnison, rangées en bataille, seront passées en revue par M. le préfet du département, M. le maréchal-de-camp commandant la subdivision, et le maire.

V. Les ateliers des travaux de la ville seront fermés, les ouvriers recevront le salaire de leur journée.

VI. Les pièces représentées sur les deux théâtres favoriseront l'expression des sentimens bordelais.

VII. Les établissemens publics seront illuminés.

Fait à Bordeaux, en l'hôtel-de-ville, les jour, mois et an que dessus. *Vicomte* DE GOURGUE.

La cantate qu'on va lire a été chantée, le soir, au grand théâtre, et y a produit la plus vive sensation; on a sur-tout applaudi et fait répéter le dernier couplet qui présenle un rapprochement aussi ingénieux qu'heureusement exprimé :

Qu'il soit béni le jour heureux
Où le Ciel rendit à la France
Les Bourbons qu'appelaient nos vœux
Et que défend notre vaillance!
Du tyran nous qui, sans retour,
Avons su renverser l'empire,

Bordelais, chantons ce beau jour;
Le crime seul peut le maudire.

Il nous a vus ce douze mars,
Pour combattre une horde impie,
Accourir sous les étendards,
A la voix de nôtre MARIE :
Mais pour nos lys plus de danger,
Ils s'élèvent malgré l'orage;
Car nos soldats, pour les venger,
Ont des armes et du courage.

Voyez-vous ces nobles héros,
Jaloux d'une gloire immortelle?
Pressés autour de leurs drapeaux,
Dans leurs mains le glaive étincelle;
Soutiens des rois, ils combattront
A côté du vaillant Éroles,
Et la France verra leur front
Orné des palmes espagnoles.

Auguste espoir du nom français,
Toi qu'environne notre hommage,
Écoute les nouveaux succès
Que leur bravoure te présage :
Tu vaincras au pays du Cid,
Comme au passage de la Drôme;
Un autre Philippe à Madrid
N'attend plus qu'un autre Vendôme.

Les paroles de la cantate sont de M. Ségur fils, et la musique de M. Hus - Desforges, chef d'orchestre au grand théâtre ; cette musique, qui ajoute encore à l'énergie des vers, se trouve chez M. Delosse, marchand de musique, *fossé du Chapeau Rouge*, N°. 12.

Le 1 avril, M. le préfet du département de la Gironde adressa la proclamation suivante aux habitans du chef-lieu :

« Bordelais, vous verrez, le 6 de ce mois, la fille de Louis XVI, S. A. R. MADAME, cette auguste princesse que ses vertus ont fait surnommer *l'ange de la France.* Que de respect et de dévouement ne lui devez-vous pas ! Vous n'oubliez point qu'il y a huit ans, aujourd'hui, cette héroïque fille de France, pour laquelle vous vouliez mourir, aima mieux s'exposer à toutes les amertumes de l'exil que *de voir les Bordelais malheureux, et d'être la cause de leur malheur.* Vous vous souvenez aussi qu'en vous laissant, à son départ, le panache blanc, qui flottait sur sa tête, elle vous dit qu'un jour elle vous reconnaîtrait tous. Oui elle vous reconnaîtra, Bordelais ; elle va retrouver en vous, comme dans tout le département, le même dévouement aux Bourbons, la même soumission aux lois, et vous allez lui faire entendre, avec une nouvelle ardeur, vos accens d'enthousiasme et d'amour. Tandis que le prince son époux, à la tête de cent mille Français, va raffermir un Bourbon sur le trône d'Espagne, environnons la petite-fille de Marie-Thérèse de nos hommages les plus empressés, et que la cité du Douze-Mars soit toujours digne de sa haute renommée, par son attachement pour ses rois et pour l'auguste héroïne dont la présence vient combler tous nos vœux! Vive le Roi! vive Madame! vivent les Bourbons! »

Le préfet de la Gironde, comte DE BRETEUIL.

Mr. le maire, de son côté, fit publier l'arrêté qui suit :

« Le maire de la ville de Bordeaux,

» Considérant que l'arrivée de S. A. R. Madame et le séjour qu'elle se propose de faire dans nos murs vont appeler la manifestation de tous les sentimens de vénération et d'amour, que les fidèles Bordelais ont voués à cette auguste princesse ; que le loyal enthousiasme des habitans de toutes les classes éclatera spontanément à l'aspect de cette fille de nos rois, et sera plus agréable à Madame que le faste d'une réception dispendieuse, que nous interdit d'ailleurs l'expresse volonté de son altesse royale ; mais que cet enthousiasme même précipitant la population toute entière au-devant de Madame, et la faisant refluer sur ses pas, pourrait occasionner de graves accidens, si une immense foule était admise dans la ligne étroite d'un pont occupé par des matériaux et dépourvu de parapets :

» Considérant que les autres dispositions d'ordre et de police, prescrites dans les occasions de grande affluence, doivent être spécialement maintenues en cette heureuse circonstance.

» Après s'être concerté avec l'autorité militaire,

» Arrête :

Article I. Dimanche prochain 6 du mois courant, tous les bâtimens de la rade arboreront le pavillon de leur nation. Les navires français seront pavoisés.

Le drapeau blanc sera déployé sur tous les édifices publics, et ceux qui se trouvent sur le passage de Madame seront décorés de festons et de guirlandes.

II. Durant toute la journée du 6, le passage du pont de pierres sera interdit aux gens de pied. Les voitures et les hommes à cheval ne pourront circuler sur ce pont que jusqu'à deux heures.

III. Toute voiture, arrivant à Bordeaux, sera tenue d'entrer directement dans la ville par les fossés de Bourgogne.

IV. Depuis deux heures jusqu'après le passage de Madame, les voitures ne pourront circuler ni stationner, soit sur le port, soit dans les places et rues indiquées ci-après pour le trajet de S. A. R.

V. Le moment de l'entrée de Madame sera annoncé par des salves d'artillerie et le son des cloches de toutes les églises de la ville, auxquelles le signal sera donné par celle de la tour de l'Horloge.

VI. Le corps municipal recevra Madame Royale à l'extrémité du pont. Le maire aura l'honneur de complimenter son altesse royale et de lui offrir les respectueux hommages de la ville fidèle.

VII. Le cortège de Madame sera ouvert et fermé par un peloton de la cavalerie nationale, bordelaise.

VIII. Le cortège de son altesse royale suivra le quai depuis le pont jusqu'au Chapeau-Rouge, les fossés du Chapeau-Rouge et de l'Intendance, la Place Dauphine; les rues Bouffard, Monbazon, et du Palais royal.

IX. Il est expressément défendu d'élever, sur aucun point, des échafaudages, amphithéâtres ou gradins. Il est également défendu de monter sur les murs de clôture ou les toitures.

X. A la chute du jour, les édifices publics seront illuminés.

» Fait et arrêté à Bordeaux, en l'hôtel-de-ville, le 2 avril 1823. »

Le maire, chevalier des ordres royaux de S. Louis et de la légion-d'honneur, vicomte de Gourgue.

Un avis subséquent de M. le préfet portait :

« Le préfet du département de la Gironde, voulant éviter les inconvéniens et les dangers que pourrait occasionner le retour à Bordeaux des habitans qui pourraient se porter en foule au-devant de S.

A. R. Madame, duchesse d'Angoulême, le jour de son arrivée dans cette ville, s'ils étaient obligés d'acquitter le droit de passage sur le pont, a l'honneur de prévenir ses administrés qu'après avoir pris l'avis de M. le maire de Bordeaux et de MM. les administrateurs de la compagnie du pont, il a autorisé ces derniers à percevoir en même temps, et depuis midi jusqu'à neuf heures du soir, au bureau de Bordeaux, le droit de passage pour l'aller et le retour des personnes, des voitures et chevaux qui, le jour de l'arrivée de Madame, iront de Bordeaux à la Bastide et devront revenir le même jour dans cette ville; il ne sera en conséqdence rien exigé au retour. »

Le préfet, comte DE BRETEUIL.

D'un autre côté, un avis de la marine royale, conçu en ces termes, fut publié et affiché :

Marine royale.

« Les capitaine et officiers du port de Bordeaux invitent MM. les armateurs et capitaines de navires de toutes les nations, qui se trouvent dans le port, de faire arborer leurs pavillons et pavoiser leurs bâtimens, le mieux qu'ils pourront, dimanche prochain 6 du courant, jour où S. A. R. Madame, duchesse d'Angoulême, doit arriver en cette ville; ils sont également invités à célébrer cet heureux jour par des salves d'artillerie.

» MM. les armateurs des navires étrangers sont priés de donner connaissance du présent avis à leurs capitaines, afin qu'ils veuillent bien s'y conformer. »

A l'occasion de l'arrivée de MADAME, M. Deschamps, inspecteur général, et directeur des travaux des ponts de Bordeaux et de Libourne, fit exécuter sur le beau monument, dont il a enrichi notre port, différentes dispositions qui en rendent l'abord plus facile. L'on y remarquait particulièrement un arc-de-triomphe, sur le fronton duquel on lisait ce quatrain :

Quand l'art t'ose enchaîner aux rives de Bordeaux,
Garonne, avec orgueil songe à tes destinées ;
C'est la fille des rois, qui marche sur tes eaux,
Des rois, au nom de qui tombent les Pyrénées. (*)

ENTRÉE DE *MADAME* A BORDEAUX.

« M. le préfet, comte de Breteuil ; M. le lieutenant-général commandant la division, comte d'Al-

(*) *Par allusion à l'entrée de l'armée française en Espagne, qui effectivement passa la Bidassoa le lendemain 7, au moment même où Madame parcourait à pied le pont de Bordeaux, qu'elle avait voulu examiner dans tous ses détails.*

méras; le lieutenant extraordinaire de police, Mr. de Boisbertraud, et plusieurs autres fonctionnaires ou officiers de marque, partirent dès le grand-matin du 6, pour aller recevoir la princesse à Cadignac, limite du département. Un détachement de la cavalerie bordelaise s'est porté jusqu'au Carbon-Blanc, pour lui servir de garde-d'honneur.

» Les habitans des lieux circonvoisins accouraient en foule pour assister à son entrée.

» Dès le milieu du jour, malgré l'incertitude du temps, une immense population sortie de Bordeaux s'était portée sur l'autre rive, pour aller au-devant de son altesse royale. Les voitures, les cavaliers couvraient la route qui conduit au Cypressat; mais, à l'instant de son arrivée surtout, le faubourg de la Bastide s'est rempli d'une foule aussi avide du bonheur de la revoir qu'impatiente de le lui témoigner. Comme on ne l'attendait pas sitôt, aucune mesure n'avait été prise encore pour arrêter et contenir la foule. *Laissez, laissez approcher tout le monde*, dit alors son altesse royale; *je me trouve ici au milieu de mes enfans, je veux qu'ils puissent tous me voir de près.*

» Lorsque Madame est parvenue au milieu de ce pont qui réunit si majestueusement aujourd'hui les deux rives du fleuve; au moment où, de ce point de la rade, tant de sujets de surprise et tant de souvenirs semblaient se presser en foule sous ses yeux, tout-à-coup de nouveaux hommages ont appelé son attention: c'est-là que son altesse royale a d'abord été reçue par le corps municipal et haranguée par M. le maire.

» La princesse arriva dans nos murs à trois heures de l'après-midi. De fidèles royalistes s'empressèrent de dételer les chevaux de sa voiture et la traînèrent jusqu'au palais.

» Parvenue en face de l'hôtel des douanes, les dames du marché, réunies sous un drapeau de taffetas blanc, que décorait une inscription touchante, sont venues lui offrir une corbeille remplie des plus belles fleurs. A la voix de ces fidèles Bordelaises qu'elle reconnaissait, à l'expression naïve de leur amour si pur et de leur dévouement si bien éprouvé, Madame a laissé voir la plus vive émotion. Cent fois répétés par les deux rives, les cris de *vive notre bonne duchesse !* pouvaient à peine suffire au sentiment qui remplissait tous les cœurs.

» Le buste de S. A. R. monseigneur le duc d'Angoulême, entouré de lauriers, décorait l'hôtel des douanes, et au-dessous on lisait cette inscription :

L'Espagne l'accueillit, il la sauve à son tour.

» Le cortège a parcouru ensuite très-rapidement la route, indiquée dans l'arrêté du maire, jusqu'au palais royal où son altesse est descendue de voiture sous un élégant péristile élevé par les soins de M. Taffard de Saint-Germain, intendant du palais, et dû au talent de M. Bonfin, fils, architecte de la ville, qui s'est déjà fait remarquer par d'autres ouvrages exécutés avec autant de goût que de solidité.

« Durant tout ce trajet, la rade a retenti de salves d'artillerie, et chacun des quartiers, témoins du passage de Madame, a semblé rivaliser d'enthousiasme et d'ivresse. Partout l'amour des Bordelais éclatait avec ces transports unanimes qu'il est toujours si facile de distinguer des mouvemens de curiosité ou des clameurs furibondes que poussent les partis. L'autorité n'avait rien commandé, rien préparé ; on avait laissé à chaque particulier le droit de suivre l'impulsion de son cœur : mais quelle fête officielle, quels apprêts somptueux auraient pu jamais égaler cet empressement de toute une grande cité, et cette joie profonde qu'inspirait la présence de son altesse royale ?

» Pendant cette belle journée, le port et le cours de l'Intendance présentaient un coup-d'œil ravissant : la plupart des maisons étaient décorées d'emblêmes, de devises, de guirlandes et de festons.

» Le soir, son altesse royale, malgré la fatigue et les émotions profondes d'une pareille journée, a bien voulu se rendre aux vœux empressés des Bordelais, en honorant le spectacle de sa présence. A la suite de plusieurs cantates, qui ont excité des transports bien difficiles à décrire, on a représenté un petit acte en vaudevilles, qui, presque improvisé, n'en renfermait pas moins des couplets que l'on a souvent redemandés.

» De brillantes illuminations ont prolongé jusqu'au milieu de la nuit les signes de l'alégresse publique. » *(Extrait de* LA RUCHE D'AQUITAINE, *du lundi 7 avril* 1823. *)*

Parmi les divers morceaux chantés ce soir-là au spectacle, tout le monde a remarqué, tout le monde répétait et semblait vouloir apprendre par cœur les couplets suivans, attribués à un homme de beaucoup d'esprit et qui joint à l'art de bien dire l'habitude plus rare de bien faire :

LA GARDE-NATIONALE BORDELAISE A S. A. R. MADAME.

AIR DU *premier pas.*

Elle est à nous,
Voilà notre princesse ;
A tous les cœurs que son retour est doux !
Elle revient accomplir sa promesse :
Qui que tu sois, partage notre ivresse ;
Elle est à nous. *(Bis.)*

Ventre-saint-gris !
Sur nos drapeaux fidelles
Plaçons encor des roses et des lis,
Et préférons aux devises nouvelles
Ce cri français : *tout pour eux et pour elles !*
Ventre-saint-gris ! *(Bis.)*

Gardons-la bien
Notre auguste MARIE,
Que tous nos bras lui prêtent leur soutien!
Tandis qu'un prince, orgueil de la patrie,
Va relever les lis de l'Ibérie,
Gardons-la bien. *(Bis.)*

Au douze mars,
Jadis brilla l'aurore
Qui d'un long deuil délivra nos remparts;
Fille des rois, que l'Aquitaine adore,
Vous paraissez, et nous sommes encore
Au douze mars. *(Bis.)*

Vive le roi!
Ce cri qui nous enflamme
Sera toujours notre suprême loi;
De près, de loin, si l'honneur le réclame,
Nous sommes prêts à mourir pour MADAME:
Vive le roi! *(Bis.)*

Ces couplets, lithographiés au nombre de trois ou quatre mille exemplaires, ont été distribués au moment de l'arrivée de MADAME, par les soins de M. Tenet, commandant de la garde nationale.

L'arrivée de MADAME ayant été avancée de deux heures, beaucoup de gens, qui ne comptaient pas sur tant de diligence, n'ont pu se trouver à son passage. Au moment où Mr. le maire lui parlait de l'espèce de surprise qu'elle avait ainsi causée à tout le monde, *il est vrai*, lui a répondu son altesse; *mais, si je me suis tant pressée d'arriver, c'est qu'il me tardait fort de me trouver au milieu de vous.*

Le lendemain à onze heures, son altesse royale a reçu les autorités ecclésiastiques, civiles et militaires.

Madame est sortie ensuite pour aller visiter notre admirable pont. Bien que ce projet ne fut connu que d'un très-petit nombre de personnes, l'affluence extraordinaire qui se forme à l'instant partout où passe l'auguste princesse l'a accompagnée jusques sur le pont où sont venus la recevoir M. le comte de Breteuil, préfet du département; M. le vicomte de Gourgue, maire de la ville; M. de Boisbertrand, lieutenant extraordinaire de police, et M. Deschamps, inspecteur divisionnaire des ponts et chaussées.

Son altesse royale, étant descendue de voiture, s'est avancée, sans gardes ni cortège, au milieu d'une foule avide de la voir et qui ne s'est jamais rassasiée de cette satisfaction.

Arrivée à l'autre extrémité du pont, elle est entrée, précédée par Mr. l'inspecteur des ponts et chaussées, dans la voûte intérieure qui règne le long du pont, au-dessous des trottoirs.

A l'approche de MADAME, une musique placée sous cette même voûte a exécuté des airs chéris, et la multitude des curieux rassemblés sur le pont n'a cessé d'y répondre par des acclamations.

La place et le quai de Bourgogne, les quartiers environnans et même les rues les plus éloignées, étaient, comme la veille, ornés de drapeaux et de fleurs de lys; un air de fête animait encore toutes les physionomies, et le sentiment le plus vrai épanouissait tous les cœurs.

Dans l'après-midi, MADAME fit une longue promenade dans nos principaux quartiers et sur le terrein qu'occupait jadis le Château - Trompette. Une foule prodigieuse a constamment précédé ou suivi sa voiture, l'enthousiasme était par-tout où son altesse royale s'est présentée; aussi n'était-ce pas pour elle une légère occupation ni un soin peu important que de répondre à tant de marques de dévouement et d'amour.

Son altesse royale a reçu les dames le soir.

Le 8, après avoir entendu la messe dans la chapelle du palais, MADAME a reçu la députation de l'arrondissement de Bazas, ainsi que les maires de diverses communes des environs de Bordeaux et plusieurs chefs d'administration de cette ville.

M. le sous-préfet de Bazas a porté la parole au nom de la députation composée de Mr. de Montfort, maire de ladite ville ; de son adjoint, Mr. Dronilhet de Sigalas ; de quelques membres du tribunal de première instance et de plusieurs habitans. M. le sous-préfet s'est exprimé en ces termes :

Madame, les habitans de Bazas s'empressent de venir déposer aux pieds de votre altesse royale l'hommage du plus profond respect et d'un dévouement sans bornes.

Daignez, madame, agréer ces sentimens d'une ville fidèle comme Bordeaux, et plus heureuse d'un jour que la cité du Douze-Mars. Notre Onze-Mars en fut l'aurore.

Nous avons entendu les cris d'amour et d'alégresse, qui retentissent en ces lieux depuis que Madame les honore de sa présence, et nous sommes accourus pour partager le bonheur des Bordelais.

Avec eux, nous répétons le cri chéri : vive le Roi ! vive Madame ! *et nos vœux accompagnent monseigneur votre auguste époux que ses hautes destinées appellent à pacifier l'Europe. Le héros du midi devait être le pacificateur de l'Espagne.*

Son altesse royale a répondu :

Je suis sensible aux sentimens que vous venez de m'exprimer au nom des habitans de la ville de Bazas.

Nous aimons beaucoup cette ville : depuis longtemps, la journée du onze mars est un jour de bonheur pour nous.

Accompagnée de M. le préfet et de M. le maire, MADAME est sortie à une heure et demie pour aller visiter le musée de la rue Monbazon et celui de la rue Saint-Dominique.

Dans celui de la rue Monbazon, elle s'est arrêtée longtemps devant le tableau qui représente son départ de Pauillac pour l'Espagne le 1 avril, 1815, et dit en le regardant : *M. Gros est un habile artiste ; mais son tableau aurait bien plus de mérite à mes yeux, si le peintre avait représenté auprès de moi la garde nationale à cheval, car je n'oublierai jamais qu'elle y était.*

De-là cette princesse s'est rendue à la colonne du Douze-Mars. Elle est descendue de voiture pour lire l'inscription de ce monument de fidélité.

Ensuite son altesse royale s'est fait conduire au jardin botanique qu'elle a parcourue avec attention et dont elle a rapporté quelques fleurs que le jardinier avait eu l'honneur de lui présenter.

A trois heures et demie, MADAME était de retour au palais.

Le soir, son altesse se rendit au grand théâtre où l'une des plus brillantes réunions, que l'on eut vue depuis longtemps, s'était formée, pour jouir du plaisir d'y contempler la princesse. Éclairée avec soin, l'enceinte de notre magnifique salle laissait mieux apercevoir l'éclat des parures et surtout l'expression radieuse de toutes les physionomies. On donnait la petite piéce de circonstance, intitulée *l'anniversaire d'un beau jour*. L'auteur, M. Bouglé, fils du directeur général de l'enregistrement et des domaines, avait ajouté à ce joli vaudeville de nouveaux couplets, que son altesse daigna applaudir, et dans lesquels le nom de son auguste époux se trouvait bien heureusement cité.

Voici ces couplets qu'on ne lira pas sans plaisir :

AIR : *gai! gai! mariez-vous.*

CHOEUR.

Gai ! gai ! travaillons tous ;
A l'ouvrage,
Du courage !
Gai ! gai ! travaillons tous,
Un tel travail est bien doux.

PIERRE (*paysan*).

Je n'pourrais pas, jarnigois !
Tant travailler tout'l'année ;
Mais un'si belle journée,
Ça ne se voit pas deux fois.

CHOEUR.

Gai ! gai ! *etc.*

PIERRE.

Après l'travail, mes enfans,
Nous boirons à D'ANGOULÊME,
Et si l'on boit comme on l'aime,
Bientôt nous s'rons tous dedans.

CHOEUR.

Gai ! gai ! *etc.*

AIR DE *la sentinelle.*

ADOLPHE (*garde national*).

Au douze mars, un fils du Béarnais
Vint dans nos murs chercher l'antique France ;

Il nous rendit le bonheur et la paix,
Et notre amour égala sa vaillance :
O jour si cher aux cœurs vraiment français !
Ton souvenir étonnera l'histoire ;
Tu fus l'honneur des Bordelais,
Ils célébreront à jamais
L'anniversaire de leur gloire.

Elle revient la fille de Louis,
De toutes parts déjà la gaîté brille ;
De son amour Bordeaux reçoit le prix,
Elle revient au sein de sa famille :
Alors qu'armé pour conquérir la paix
Notre héros va sauver l'Ibérie,
Dans ce séjour vraiment français,
Sous la garde des Bordelais
Il a voulu placer MARIE.

Air de *Julie*.

L'ESPÉRANCE (*soldat de la garde royale*).

Oui dans la gard'c'est la seul'fois, je pense,
Qu'nous n'avons pas été de même accord ;
Chacun voulait avoir la préférence,
Il a fallu s'en rapporter au sort :
A tant de zèle on peut aisément croire,
Quand D'ANGOULÊME est notre commandant ;
Car alors chaqu'billet partant
Est un'feuill'de rout'pour la gloire.

Mme. SIMON (*riche fermière*).

Dis-moi, l'Espérance : connais-tu notre bonne duchesse d'Angoulême? l'as-tu vue bien souvent? Ah! si tu savais combien elle est aimée ici!

L'ESPÉRANCE.

C'est comme dans toute la France.

Mme. SIMON.

Oh! c'est que tout le monde ne l'a connaît pas comme nous.

L'ESPÉRANCE.

Eh si, mère Simone!

AIR : *muse des bois.*

Comme à Bordeaux, ses vertus, son courage
Dans tout'la France ont brillé tour-à-tour;
Nos cœurs lui rend'partout le même hommage,
Elle est enfin not'gloire et notre amour :
Pendant les jours de deuil et de misère,
Qui, grace au Ciel! ne reviendront jamais,
Dieu conserva cet ange sur la terre
Pour essuyer les larmes des Français.

Mme. SIMON.

Oui, mon ami, oui, c'est un ange, et je suis sûre que, s'il le fallait, vous la défendriez aussi bien que vous l'aimez.

L'ESPÉRANCE.

Qu'elle ait besoin de nous, et je vous réponds que toute la garde sera la première à l'appel.

Mme. SIMON.

Et moi, je me rends caution pour les Bordelais; ils ne seront pas les derniers.

AIR DU *premier pas*.

ADOLPHE.

Du douze mars
La mémoire éternelle
Nous guidera toujours dans les hasards;
Nobles enfans de la cité fidelle,
Ah! prenez tous pour devise immortelle
Le douze mars. *(Bis.)*

Le premier mars,
Nous étions sous les armes,
Pour éloigner l'Anglais de nos remparts;
Mais un BOURBON dissipe nos alarmes,
Au BOURBON seul nous rendîmes les armes,
Le douze mars. *(Bis.)*

(A Madame.)

Reste avec nous,
Idole de la France;
De te garder nous sommes tous jaloux:
Vois les transports qu'excite ta présence;
Ah! pour trouver amour, respect, constance,
Reste avec nous. *(Bis.)*

LUCIE *(fiancée à Adolphe)*.

Reste avec nous,
O princesse chérie!
Les Bordelais seront à tes genoux;
Heureux enfin de posséder MARIE,
En ce beau jour Bordeaux entier s'écrie:
Reste avec nous. *(Bis.)*

A la dernière scène, on apporte le buste du duc d'Angoulême, qu'on place sur un piédestal. Tout le monde se lève et le chœur chante:

AIR: *vive Henri Quatre!*

D'notre Henri Quatre
Vive ce digne enfant!
Rien n'peut nous battre
Quand il marche en avant,
Car il sait combattre
Tout comme l'Vert Galant.

ADOLPHE.

A la santé du duc d'Angoulême! *(Chorus.)*

AIR DE LA *partie carrée.*

D'un prince aimé l'image nous rappelle
Le souvenir de nos antiques preux;
Nous l'avons vu, dans la cité fidelle,
Chérir la gloire et son pays comme eux:
Au champ d'honneur, oû le guide Bellonne,

Il va cueillir la palme du guerrier,
Et les vertus viendront à sa couronne
Joindre un nouveau laurier.

Voici quelques couplets du vaudeville final :

AIR DU *vieux chasseur.*

L'ESPÉRANCE.

De tous côtés que la gaîté brille !
Chantons, dansons, répétons tour-à-tour :
Vive à jamais l'auguste famille,
A qui nous d'vons l'honneur d'un si beau jour !

ADOLPHE.

Ah ! si jamais quelque danger extrême
Nous appelait un jour sous les drapeaux,
Les Bordelais comptent sur D'ANGOULÊME,
Comme lui-même il compte sur Bordeaux.

Mme. SIMON.

J'suis Bordelaise et j'm'en glorifie,
Oui je prétends qu'c'est un tit'des plus beaux ;
Car désormais l'doux nom de MARIE
Se trouve joint à celui de Bordeaux.

L'ESPÉRANCE.

Chaque soldat va chercher, je l'espère,
Le ch'min d'l'honneur au milieu des combats ;
Pour le trouver, moi j'sais bien comment faire:
D'not'COMMANDANT je n'm'éloignerai pas.

CHOEUR.

De tous côtés, *etc.*

PIERRE.

Depuis longtemps, j'n'ai mis dans mon parterre
Que d'l'immortell', des lys, de l'olivier ;
Mais notre princ'va partir pour la guerre,
C'est le moment de planter du laurier.

CHOEUR.

De tous côtés, *etc.*

Nous empruntons à Mr. Edmond Géraud les détails suivans qu'il a consignés dans *la Ruche d'Aquitaine*, du 10, sur les visites faites par MADAME dans la matinée du 9 :

« Son altesse royale, après avoir reçu celle des religieuses du Sacré-Cœur et des dames de la Maison de sainte Thérèse, s'est rendue d'abord, accompagnée de M. le préfet, de M. le maire et de plusieurs officiers de la garde nationale à cheval, au grand séminaire dont elle a parcouru avec soin toute l'étendue, donnant à chaque instant, par ses questions, de nouvelles preuves de l'esprit de sagesse et d'observation, qui la dirige.

L'auguste princesse a voulu bientôt après juger par elle-même de l'excellente administration qui distingue ici l'hospice des aliénés. Accueillie par Mme. Duhart, supérieure de cette maison, et par les bonnes sœurs qui veillent au traitement et au repos de ces malheureux, son altesse royale a porté un regard attentif sur les moindres détails de cet hospice ; l'église, le jardin, les dortoirs, la pharmacie, en un mot tout ce qui était digne de remarque, ont été l'objet de son examen.

Le même soin l'a conduite au petit séminaire, dont la pieuse destination avait un droit égal à son intérêt.

Après sa visite au petit séminaire, MADAME s'est rendue à la maison des enfans trouvés, qui est devenue pour elle l'objet d'une attention toute particulière. Conduite par MM. Desfourniels, Portal et autres administrateurs de ce bel établissement, son altesse royale est d'abord descendue devant l'église, où l'attendaient les sœurs, dont les soins pieux conservent la vie à tant de pauvres orphelins. Elle a été reçue à la porte du temple par l'aumônier de la maison, qui lui a fait une courte harangue, et, à son entrée, deux groupes d'enfans ont entonné un cantique d'actions de graces. Leur chant exprimait d'une manière si touchante la reconnaissance et la piété qu'en ce moment il était impossible de ne pas considérer cette princesse comme une tendre mère envoyée par la Providence à tous ces pauvres enfans. Après avoir prié un instant devant l'autel, MADAME a commencé l'inspection de cet immense hospice qui, pour un esprit attentif, présente réunis tous les miracles de la charité, de l'ordre et de l'économie. Ici, comme dans celui des aliénés, une propreté scrupuleuse règne partout, dans les choses comme dans les personnes; et grace au travail qui remplit les heures de chacun, grace à l'esprit de subordination qui s'y montre à tout pas, on y respire comme un air de vertu et je ne sais quel appaisement des troubles du cœur, dont l'auguste fille de Louis XVI a paru profondément satisfaite.

La buanderie, la boulangerie et les cuisines ont ensuite attiré son attention; elle a daigné goûter le pain de la maison, dont elle a fait l'éloge.

De-là on a conduit son altesse royale dans l'ouvroir où une foule de jeunes filles, rangées des deux côtés d'une longue salle, s'occupaient à la couture. Toutes, les yeux baissés, travaillaient en chantant les couplets que nous avons donnés page 16, et qu'on attribue à M. Gergerès, fils, maintenant substitut du procureur du roi près du tribunal de première instance de cet arrondissement. Madame a interrompu les chants pour faire plusieurs questions pleines de sens et d'à-propos, soit sur l'éducation religieuse que recevaient ces jeunes filles, soit sur le régime intérieur et les ressources de la maison.

Son altesse royale a aussi visité les différens ateliers de cet immense établissement ; elle a vu tour-à-tour, et avec un égal intérêt, l'atelier des tailleurs, des tonneliers, des serruriers, des tisserands et des sabotiers. Dans le dernier, l'auguste princesse a même regardé très-attentivement un jeune aveugle de naissance, qui fait des sabots avec une dextérité de main et une précision de travail, qu'on aurait peine à attendre de l'ouvrier le plus habile.

La salle où sont nourris les enfans encore au berceau, le dortoir et les autres parties de l'établissement ont à leur tour attiré les pas et fixé les regards de Madame ; partout elle a trouvé le même ordre, la même propreté, et ce caractère de bonté prévoyante et tutélaire que la religion seule peut inspirer.

Le bruit s'étant répandu qu'en sortant de la maison des enfans trouvés son altesse royale irait visiter un de nos bateaux à vapeur, la foule, qui assiégeait les portes de cet hospice, s'est portée rapidement sur le quai de la Grave. Le temps était affreux, l'eau tombait par torrens, et les rafales d'un vent de nord-ouest la poussaient avec une grande violence. Au moment où Madame descendit de voiture pour aller joindre le bateau à vapeur, *le Sully*, quelqu'un s'empressa de lui offrir un parapluie qu'elle refusa; et comme on lui représentait qu'elle allait être trempée, *Eh! mais* dit-elle alors, en montrant les cavaliers de la garde nationale, *ces messieurs se mouillent bien*. Enfin, malgré l'orage, Madame s'embarqua dans cet élégant bateau, construit par MM. *Guibert*, et se teint longtemps sur le pont, pour mieux observer l'immersion de la cloche à plonger, Cependant, comme la pluie et le vent continuaient de tomber et de souffler, S A. R. consentit à descendre dans la chambre du bateau, d'où elle a considéré plus à son aise tous les détails de cette expérience. Une fois parvenus au fond de la rivière, les ouvriers, qui étaient descendus avec la cloche, ont reparu tout-à-coup au-dessus de la surface de l'eau, en agitant un drapeau blanc et en faisant retentir dans les airs un cri chéri, que la multitude, arrêtée sur les deux rives, s'est empressée de répéter ; puis, à un signal convenu, ces intrépides nageurs sont retournés prendre place dans la cloche à plonger, afin de remonter avec elle.

Madame a suivi de l'œil toute cette manœuvre qui a paru singulièrement l'intéresser ; elle a même écouté très-attentivement l'explication que MM. Deschamps et Billaudel lui ont donnée sur l'ingénieux mécanisme de cette machine, dont l'usage est aujourd'hui si fréquent et si utile dans le port de Bordeaux.

Durant ce temps, le bateau à vapeur n'a cessé de manœuvrer avec la plus grande agilité ; et, la pluie s'étant un peu calmée, son altesse royale, après avoir laissé des marques de sa libéralité à l'équipage et aux plongeurs, a pu débarquer sur le quai où l'attendait, avec son escorte, une foule empressée de faire entendre et de répéter les cris accoutumés de *vive Madame !* Ces cris l'ont accompagnée jusqu'au palais où elle est rentrée vers cinq heures.

M. Tenet, colonel de la garde nationale à pied, et M. Gautier, colonel de la garde nationale à cheval, ont eu l'honneur d'être admis à la table de son altesse. »

Cette auguste princesse ayant témoigné le desir de voir M. le marquis de Lamoignon de Malesherbes ; M. Desse, capitaine de *la Julie*, sauveur du navire hollandais *le Columbus*, et M. Bouglé, fils, ces messieurs eurent l'honneur de lui être présentés, le 10, par M. le comte de Breteuil.

Sortie à une heure, MADAME a successivement honoré de sa visite les hospices de bienfaisance et des incurables, où elle a été reçue, dans le premier par M. Desfourniel, et dans le second par M. Portal. Cette bonne princesse a bien voulu goûter, dans les deux hospices, le bouillon destiné aux malades.

L'hôpital de S. André et l'institution royale des sourds-muets ont ensuite été les objets des soins particuliers de MADAME qui a été reçue, dans le premier de ces établissemens, par M. Fabre, administrateur, et les vénérables sœurs de la Charité.

En visitant ces diverses fondations, MADAME a paru prendre le plus vif intérêt à toutes les parties du service ; elle a partout témoigné une grande satisfaction, mais la classe des sourds-muets a plus particulièrement attiré l'attention de S. A. R.

Elle fut d'abord reçue dans la chapelle par M. l'instituteur en chef et MM. les administrateurs :

M. l'abbé Goudelin, professeur et aumônier de cette institution, eut l'honneur de lui présenter l'eau bénite. Après l'*exaudiat* chanté avec le plus grand recueillement, MADAME fut conduite dans la salle des filles, où l'attendaient, avec la plus vive impatience, les élèves des deux sexes et une assemblée aussi nombreuse que bien choisie.

Mlle. Biblis Laroque, sourde-muette, âgée de treize ans, jeune personne très-intéressante, dont le père est employé aux douanes de Bordeaux, présenta à Madame le compliment suivant auquel était jointe une couronne d'immortelles, que la princesse agréa avec une extrême bienveillance :

MADAME, *nos bouches ne peuvent rien exprimer, mais nos cœurs savent vivement sentir.*

L'auguste présence de votre altesse royale leur fait éprouver de bien touchantes émotions. La reconnaissance et l'amour, l'admiration et le respect s'unissent à l'envi pour former le pur hommage que j'ai l'honneur d'offrir à V. A. R. au nom de mes malheureuses compagnes.

Daignez, madame, nous en supplions humblement V. A. R., accueillir avec bienveillance cette fidèle expression de nos sentimens.

Ce jour est le plus beau de notre vie, puisque Dieu, dans sa bonté tutélaire, nous permet de contempler, dans l'asile de notre infortune, l'illustre fille de nos rois et la tendre mère des Bordelais.

M. l'instituteur en chef fit faire quelques exercices sur la religion, la géographie et la grammaire. L'élève Portal, interrogée, fit preuve de la plus grande intelligence, sur-tout dans l'analyse grammaticale des quatre vers de Racine, commençant par :

Celui qui met un frein à la fureur des flots, *etc.*

Ces exercices étant terminés, deux jeunes filles sourdes et muettes, dans un dialogue versifié, témoignèrent leur respect et leur amour à son altesse royale. Elles se disposaient à lui présenter une couronne de roses blanches, lorsqu'une jeune et jolie demoiselle, déjà remarquée par Madame, s'avança au milieu d'elles et prononça avec beaucoup de grâce les vers suivans :

Attiré par la confiance
Et par le respect retenu,
Leur jeune cœur hésite combattu ;
Permettrez-vous que l'innocence
Couronne aujourd'hui la vertu ?

Son altesse royale adressa, avec sa bonté ordinaire, des paroles agréables à cette jeune personne, et parut aussi très-satisfaite du compliment écrit à l'instant par M. Gard, sourd-muet, professeur.

Ensuite elle visita, avec le plus grand soin, tout l'établissement, en s'entretenant tour-à-tour avec MM. les administrateurs, l'instituteur en chef, et Mme. la supérieure, sœur de la congrégation de Névers.

L'illustre fille des Bourbons aura apprécié sans doute l'admirable méthode qui rend à la société des êtres que la nature semblait en repousser, et dont se servent si habilement le savant chef de cette école et ses dignes collaborateurs.

MM. le préfet, le maire et les administrateurs des hospices ont accompagné partout S. A. R.

Dans tous les quartiers, l'immense population qui s'était rassemblée sur son passage a fait retentir l'air des plns bruyantes acclamations ; le plaisir de la voir avait toute la vivacité des premiers jours. Le drapeau blanc flottait à toutes les fenêtres des rues que cette princesse a traversées.

On a remarqué que dans plusieurs quartiers où l'on espérait voir passer S. A. R. la multitude s'était réunie depuis le matin : on avait pavoisé les maisons, et quelques rues étaient déjà garnies d'un double rang de chaises.

Durant sa promenade, MADAME a reçu, avec sa bonté accoutumée, une foule de placets qui lui ont été présentés.

S. A. R. est rentrée au palais à quatre heures de l'après-midi, accompagnée des mêmes cris de joie, qui ont constamment retenti autour d'elle.

M. Dussumier-Fonbrune, chevalier de la légion d'honneur et membre de la chambre des députés; M. Desfourniel, chevalier de la légion-d'honneur, membre de la chambre de commerce, vice-président da la commissiou administrative des hospices civils et l'un des administrateurs du mont-de-piété; MM. Cabarrus, membre de la légion-d'honneur, et Brown, armateurs, tous membres du conseil municipal, ont eu l'honneur d'être admis à la table de madame la duchesse.

Son altesse royale a reçu le 11, dans la matinée, MM. les chevaliers de S. Louis, les dames de l'association de la Mission, le bureau de la société maternelle, et l'état-major du dix-neuvième régiment d'infanterie légère, commandé par Mr. le baron du Clouet.

Madame a paru charmée de voir ce digne officier qui a mérité le titre de vrai chevalier français. *Vous avez votre régiment ici?* lui a dit la princesse. *Oui, madame*, a repris sur-le-champ le brave colonel; *je commande à douze cents hommes qui seraient heureux et fiers de mourir pour votre altesse royale. — Le roi connaît vos sentimens, monsieur le colonel; mais je lui en parlerai de nouveau, il saura de quel bon esprit vos soldats sont animés.*

Son altesse royale s'est rendue ensuite au collège royal, et aux maisons religieuses de la Foi; de la Miséricorde; du Sacré-Cœur, rue Lalande, N°. 46; des dames du Sacré-Cœur, chemin du Sablona, maison enseignante qui dépend de la société de Paris; de la Providence et de la Réunion.

Parmi tant de manifestations éclatantes des sentimens qu'inspira à Bordeaux la présence de Madame Royale, il serait injuste de ne pas mentionner le vif enthousiasme qu'ont fait paraître surtout les élèves du collège royal. A la vivacité de leur âge s'est réunie, dans cette occasion, toute l'influence des bons principes dont ils sont nourris. Depuis qu'on s'attache dans cet établissement à inspirer aux jeunes élèves ce qui a longtemps manqué partout, chez les maîtres comme chez les écoliers, je veux dire une pensée modeste et religieuse, l'éducation y fait de grands progrès et l'amour des Bourbons y jette dans tous les cœurs de profondes racines. *Quid non pro rege?* telle est aujourd'hui la devise du collège royal. Puisse-t-elle devenir enfin celle de toutes nos maisons d'institution! MADAME a parcouru les différentes parties de cet établissement, et a porté sur chacune d'elles des regards attentifs et pleins de bienveillance. Plusieurs élèves ont eu l'honneur de réciter devant son altesse royale des fragmens de prose ou de poésie, de leur composition. L'un d'eux a fixé plus particulièrement l'attention de MADAME qui, après l'avoir entendu, lui a dit avec bonté : *c'est très-bien; je veux garder ces vers, donnez-les-moi.*

Son altesse royale a été reçue dans la maison des dames de la Foi avec des transports de joie, difficiles à exprimer. A son entrée dans la chapelle, quatre jeunes pensionnaires ont chanté le *salvum fac regem* avec beaucoup d'ame et un ensemble parfait. Son altesse royale est montée au pensionnat où Mlle. Odelly Langlois l'attendait à la tête des élèves; cette jeune personne a exprimé à MA-

DAME, au nom de ses compagnes, combien elles se trouvaient heureuses de pouvoir contempler les traits augustes de l'héroïne de Bordeaux. La princesse a daigné lui demander son âge et son nom. En répondant à ces questions, la jeune pensionnaire a ajouté qu'elle était la petite-fille de M. Charles Brunaud, membre du conseil de Mgr. le duc d'Angoulême, à l'époque du *XII Mars*. Le ton de décence et de respect de cette jeune personne paraît avoir singulièrement frappé son altesse royale qui lui a dit, au sujet de son grand-père, les choses les plus flatteuses. Elle a ensuite appelé une autre jeune personne et lui a demandé le nom de ses parens. *C'est*, a répondu une institutrice, *la fille de M. L. B., avocat distingué de Bordeaux; sa mère a eu l'honneur, ce matin, d'être présentée à votre altesse royale.* A ces mots, la princesse prit l'enfant dans ses bras et l'embrassa très-affectueusement. MADAME a donné aussi aux plus jeunes élèves des marques d'une tendre affection; elle a bien voulu écouter avec indulgence une cantate qu'ont ensuite chantée les pensionnaires. Son altesse royale a visité tout l'intérieur de cette maison d'éducation et a témoigné à Mme. Saint-Charles, supérieure, à quel point elle était satisfaite : son entretien avec cette digne religieuse a même été assez prolongé pour qu'on en puisse conclure que S. A. R. prend le plus vif intérêt à la prospérité de cet établissement, où l'on enseigne aux pauvres les élémens de la lecture et des principes religieux.

Dans l'établissement des religieuses du Sacré-Cœur, de l'Adoration-Perpétuelle, rue de Lalande, fondé, en 1793, par la supérieure actuelle, son altesse royale a daigné rappeler elle-même qu'elle avait déjà été reçue dans cette maison le 27 août 1815. En sortant de la chapelle, elle est montée au pensionnat où S. A. R. a été accueillie par Mlle. Lydie Anthony qui lui a exprimé, au nom de toutes les élèves, les sentimens de respect et d'amour dont leurs cœurs sont remplis pour son auguste personne. En lui adressant les choses les plus agréables, MADAME s'est informée de son âge, de sa famille et de son application; elle a également fait à Mme. la supérieure beaucoup de questions relatives à l'établissement, et a paru satisfaite de ses réponses. L'auguste princesse, après avoir examiné avec soin les ouvrages de dessin et de broderie des jeunes pensionnaires, est descendue dans les ateliers des externes, où elle a applaudi à l'activité de quelques petits enfans, qu'elle a fait travailler devant elle. Son altesse royale a même daigné accepter, avec la bonté qui la caractérise, l'hommage d'une paire de jarretières brodées au petit point par une fille de six ans. C'est sur-tout aux classes indigentes, composées de plus de 200 enfans, que son altesse royale a donné les plus touchantes marques d'intérêt; on l'a vue se baisser pour prodiguer des caresses aux plus petites, et recevoir leurs simples et naïfs complimens. MADAME a aussi remarqué avec émotion un bouquet donné à la communauté par S. A. R. Mme. la duchesse de Berri, et travaillé de ses propres mains.

S. G. le nonce du pape près de S. M. le roi d'Espagne, M. le comte et Mme. la comtesse de Breteuil, et M. Casimir Desèze, président de la cour royale, ont eu l'honneur d'être admis à la table de la princesse.

Le 12, MADAME a, selon sa coutume journalière, entendu la messe dans la chapelle du palais.

Vers onze heures, M. Davilonis, lieutenant des chasseurs de la Meuse, a eu l'honneur de lui être présenté.

Avant de sortir, son altesse daigna passer en revue la garde-nationale montante, et lui adressa les choses les plus flatteuses et les plus encourageantes.

A une heure, elle est montée en voiture, et s'est rendue chez les sœurs de la Charité, de St. Projet; chez les dames ursulines; au grand séminaire; chez les sœurs de Lorette, rue Marin, et les sœurs de Lorette, rue Saintonge; chez les religieuses carmelites et les religieuses de Notre-Dame.

L'auguste princesse, qui porte ses sollicitudes sur tous les établissemens de bienfaisance et d'utilité, a aussi, ce jour, honoré de sa présence le pensionna établi rue et hôtel Poissac. Cette institution régie par Mlle. Loustalet, sous la protection particulière de son altesse royale, se distingue parmi celles que possède notre ville. Les connaissances essentielles qui font la base de toute bonne éducation y sont cultivées avec le plus grand soin, et l'étude des beaux-arts y est confiée à des maîtres habiles. La musique, d'après la méthode du méloplaste, est enseignée, dans cette utile maison, par Mr. de Mainebeau, collaborateur et successeur de M. Galin.

MADAME ayant bien voulu faire prévenir qu'elle se proposait de visiter l'établissement, l'hôtel Poissac fut aussitôt décoré de drapeaux, de guirlandes, de tableaux allégoriques, et jonché de fleurs. Les jeunes élèves couronnées de lys, produit du travail de leurs mains; vêtues des couleurs chères à leur protectrice et à tous les bons Français, et parées sur-tout de leur innocence, l'attendaient avec une impatience bien naturelle.

A peine l'illustre princesse fut-elle parvenue dans le salon, qui lui avait été préparé, que les pensionnaires, dirigées par leur professeur, Mr. de Mainebeau, dont les sentimens se sont manifestés dans toutes les occasions, lui adressèrent les stances suivantes :

Nos jeunes cœurs qu'animait l'espérance
Ont vu ce jour si cher à nos desirs,
Fille des rois, qu'idolâtre la France,
De tes bienfaits jouis par nos plaisirs.

Reçois nos vœux, notre reconnaissance;
C'est le seul prix digne de ta bonté :
C'est le présent de la tendre innocence,
Il est offert par la sincérité.

Naguère hélas! abattus par l'orage,
Les lys fuyaient sur un sol étranger;

Les noirs soucis étaient notre partage,
Un Dieu puissant nous sauva du danger.

Quand pour les bords caressés par la Seine
Tu quitteras nos rivages fleuris,
Nos cœurs émus que ta présence enchaîne
Suivront toujours la fille de Louis.

A ces stances succéda la cantate ci-après sur la musique que M. de Mainebeau avait composée en 1815 lors du départ de son altesse royale, et dont les fidèles Bordelais répétèrent longtemps le refrain : *vive la fille de Louis* ! qui a été conservé dans les nouvelles strophes.

Un Bourbon vole aux champs de l'Ibérie,
Fils de Henri, plein d'une noble ardeur;
Il combattra le rebelle et l'impie,
Un roi captif réclame sa valeur.
Des cœurs il nous laisse la reine,
Nos vœux ardens sont accomplis;
C'est le Ciel qui nous la ramène,
Vive la fille de Louis !

Heureux printemps, orgueil de la nature,
De tes présens réjouis nos guerriers;
Mais des autans ils craignent peu l'injure,
Tous les climats leur offrent des lauriers.
Des cœurs ils serviront la reine,

En servant le trône des lis ;
C'est le Ciel qui nous la ramène,
Vive la fille de Louis !

Réjouis-toi, beau pays d'Aquitaine,
Berceau d'honneur et de fidélité ;
Ton souvenir sur la rive lointaine
Des preux toujours est la félicité.
Des cœurs tu possèdes la reine,
Tes vœux ardens sont accomplis ;
C'est le Ciel qui te la ramène,
Vive la fille de Louis !

De ton époux, notre illustre Marie,
Attends en paix le fortuné retour ;
Le ciel protège une si belle vie,
Il reviendra plein de gloire et d'amour.
Des cœurs nous lui gardons la reine,
Nos vœux ardens sont accomplis ;
C'est le Ciel qui nous la ramène,
Vive la fille de Louis !

MADAME parut extrêmement satisfaite de l'ensemble des chœurs ; elle fut sur-tout émue à la dernière strophe si heureusement inspirée et laissa couler des larmes.

Les paroles de ces deux morceaux ont été remises à MADAME par trois enfans, avec lesquels elle daigna s'entretenir quelque temps. Des fleurs lui furent offertes par deux jeunes personnes qui lui exprimèrent en peu de mots les sentimens qui les animaient, ainsi que leur digne institutrice. Cette dernière eut ensuite l'honneur de présenter à son altesse royale les deux jeunes demoiselles qui avaient obtenu les prix de vertu, fondés par elle dans cette maison recommandable. MADAME les accueillit avec intérêt; et après avoir témoigné à Mlle. Loustalet sa satisfaction sur la tenue de son établissement, et avoir fait sentir aux élèves combien elles devaient se trouver heureuses d'être dans une maison qu'elle apprécie depuis plusieurs années, son altesse royale est sortie au milieu d'une haie de ces jeunes pensionnaires, ou plutôt au milieu d'une double rangée de roses et de lys.

La princesse est rentrée au palais vers 4 heures.

A sept heures, elle se rendit au grand théâtre, où l'affluence des spectateurs paraissait encore plus considérable que les jours précédens. Des couplets de M. Ségur, fils, et le chant royal de M. Antonin de Sigoyer, qu'il composa à l'occasion de la naissance de S. A. R. monseigneur le duc de Bordeaux, ont excité des sentimens d'enthousiasme, qui semblaient ne pouvoir plus s'accroître. Jamais en effet les cris de *vive le Roi ! vive* MADAME ! *vivent les Bourbons* ! jamais l'expression du dévouement et de la joie publique n'avaient encore offert un caractère plus énergique et plus unanime.

Le dimanche 13, au matin, la garde montante, en arrivant au palais, était précédée par l'excellente musique du 19e régiment d'infanterie légère, qui a fait entendre sous les croisées les airs de *Henri IV* et du *premier pas*. Ces morceaux ont été suivis des cris redoublés de *vive le roi !*

Dans la matinée, Mme. Anniche Duranton, à la tête d'une députation nombreuse des dames du Berceau, eut l'honneur d'être admise à une audience de MADAME, à qui elle fit hommage d'une corbeille de fleurs, que la princesse accepta avec tous les signes d'une vive satisfaction. Les dames s'étant alors empressées de lui annoncer qu'elles allaient faire célébrer une neuvaine pour le succès des armes de monseigneur le duc d'Angoulême, elle leur en a témoigné sa reconnaissance dans les termes les plus obligeans, ajoutant qu'elle n'avait pas besoin de cette nouvelle preuve de leur zèle, pour croire au dévouement des fidèles Bordelaises.

A dix heures, MADAME s'est rendue à Saint-André où elle a entendu la messe. Une foule immense remplissait l'église.

A midi, son altesse royale reçut M. le lieutenant-général commandant la division, M. le premier président, M. le préfet, M. le maréchal-de-camp commandant les subdivisions de la Gironde et des Landes; les officiers d'état-major, de la gendarmerie et du 19me. de ligne; M. le commissaire de la marine, et les officiers de marine, qui se trouvaient à Bordeaux; les officiers du port; les membres du conseil de département; M. le maire et ses adjoints, les commissaires de police; les maires de l'arrondissement de Bordeaux; l'académie des sciences, l'école royale de médecine, la société de médecine, la société chirurgico-médicale; les confréries de Montuzet et du Douze-Mars; l'administration des sourds-muets; les officiers supérieurs de la garde nationale; un grand nombre de personnes de l'armée et de la magistrature; les députations des arrondissemens de Libourne, de Lesparre et de la Réole.

La députation de Libourne était composée de MM. le sous-préfet, le maire et ses adjoints ; de six membres du conseil municipal, de plusieurs membres des tribunaux civil et de commerce, de M. le curé de Libourne, de M. le receveur particulier de l'arrondissement, de M. le directeur des contributions indirectes, de M. le colonel commandant le dépôt royal d'étalons, de M. le commandant de la garde nationale, et de M. le capitaine du port.

M. le sous-préfet, président de la députation, a prononcé le discours suivant :

MADAME, *Nous venons, au nom d'une ville fidèle, exprimer à votre altesse royale des sentimens d'amour et de dévouement : Libourne s'honore d'avoir pour métropole la cité du XII Mars, mais elle ne lui reconnaîtra jamais aucune suprématie dans son inébranlable attachement pour le Roi et les Bourbons.*

Combien je m'estime heureux d'être en ce moment son organe ! ma tâche serait impossible s'il me fallait énumérer vos droits à notre éternelle reconnaissance ; la France entière, comblée des marques de vos inépuisables bontés, vous a saluée du nom de son ange tutélaire. Nous en transmettrons le souvenir à nos enfans, ils apprendront à vous chérir comme nous vous chérissons, et nos cœurs, nos bras, notre existence entière seront toujours à votre altesse royale à la vie et à la mort.

MADAME a répondu avec une extrême bonté :

J'agrée les sentimens de la ville de Libourne, je me rappelle l'accueil que j'y ai reçu en 1814.

Se tournant ensuite vers MM. le curé et le maire de Libourne, son altesse royale a daigné leur adresser des paroles obligeantes et pleines d'intérêt. Mr. le maire lui ayant exprimé combien *la Ville fidèle* serait heureuse de la voir une seconde fois dans ses murs, elle promit de déférer bientôt aux vœux de ses administrés.

Le discours prononcé par M. le sous-préfet de Lesparre, président de la députation de cet arrondissement, était de la teneur suivante :

MADAME, *interprètes fidèles des habitans du* 6me. *arrondissement de la Gironde, nous venons offrir à votre altesse royale l'hommage de l'amour, du respect et de l'entier dévouement qui les animent pour le Roi et pour l'auguste famille des Bourbons.*

Nous osons espérer, MADAME, *que votre altesse royale daignera visiter notre port de Pauillac, et changer de tristes et douloureux souvenirs en des jours d'alégresse et de bonheur.*

MADAME a bien voulu assurer la députation qu'elle adhérerait incessamment aux desirs exprimés par M. le sous-préfet.

Dans l'après-dînée, la première compagnie du deuxième bataillon d'élite de la garde nationale, et la compagnie de voltigeurs du 19me. léger, commandée par M. le capitaine Philippe Lecerf, de service au palais, ont inauguré le buste de Mme. la duchesse dans le corps-de-garde.

M. H. Brunet, capitaine de chasseurs, ayant fait placer le buste dans un endroit élevé, toute la garde étant sous les armes, a prononcé un discours improvisé, qui a produit la plus vive émotion et auquel toute la garde a répondu par les cris de *vive le Roi* ! *vive Madame* ! *vive le Prince Généralissime* !

M^{r}. le capitaine Lecerf s'est ensuite avancé, et, se tournant du côté de ses voltigeurs, il s'est écrié avec chaleur, tendant le bras armé de son sabre, *oui nous la garderons*, *oui nous le ju-*

rons ; n'est-il pas vrai , mes camarades ? Aussitôt officiers et soldats ont répété avec la même ardeur ; *oui ! oui ! Vive Madame* ! *vivent les Bourbons* !

Son altesse royale a dirigé sa promenade vers les Chartrons , qu'elle a prolongée jusqu'à Bacalan où est situé le vaste établissement des vivres de la marine et des magasins des colonies. Elle y fut reçue par le commissaire général de la marine et le directeur des vivres.

Infatigable pour tout ce qui concerne le service du roi, Madame est entrée partout ; elle a pu voir que cet établissement royal contenait un approvisionnement de seize mille barriques de vin , mille pièces d'eau-de-vie , quatre mille quarts de salaisons de bœuf et de lard , deux mille barils de farine , du biscuit, du riz et des légumes. La princesse a porté l'attention jusqu'à goûter le biscuit qu'on délivre aux matelots.

Après avoir visité , dans le plus grand détail , cette partie de l'établissement , Madame est entrée dans les magasins des colonies , où sont déposées des toiles de toute espèce , des habillemens de troupes , des outils de fer en tout genre , du cuivre , des brouettes , des marmites de campagne , des ustensiles d'hôpitaux, des instrumens aratoires, des cordages *etc.*

Après l'inspection la plus attentive de tous ces objets, son altesse royale a été reconduite à sa voiture aux acclamations de toute la population de Bacalan.

Les dames ont été reçues le soir au palais.

Le 14, M. le marquis de Baudillo, grand d'Espagne, et Mme. la marquise de Baudillo ont eu l'honneur d'être reçus en audience particulière à onze heures, et Mme. la comtesse de Lur-Saluces à midi.

M. le vicomte de la Grandière, capitaine des vaisseaux du roi, et son fils ont eu aussi l'honneur d'être reçus en audience particulière.

A une heure, Madame est allée à Talence, visiter le beau domaine de Raba et la propriété de M. le comte de Puységur qui eut l'honneur de lui présenter ses hommages. Son altesse s'est promenée dans le jardin et y a cueilli quelques fleurs.

De-là elle s'est rendue à la nouvelle église, où le digne curé de cette paroisse, M. Ripolles, adressa à l'héroïne de Bordeaux cette courte harangue :

Madame, votre présence royale nous fait espérer des jours de triomphe et de gloire.

Puisse le Ciel exaucer nos prières pour la conservation de notre bon roi, pour celle de votre altesse royale et pour la gloire de monseigneur votre illustre époux !

Madame a répondu à ce petit discours avec l'amabilité qui la distingue si particulièrement.

Elle est rentrée au palais à quatre heures.

M. le vicomte et Mme. la vicomtesse de Gourgue ; M. le maréchal-de-camp de Labourdonnaye, commandant le département, et M. Alexandre de Lur-Saluces, député de 1815 et commissaire du roi à Bordeaux pendant les cent jours, ont eu l'honneur de dîner avec son altesse royale.

Le même jour, Mr. Bonnet, vicaire de la paroisse de S. Michel, a écrit aux journalistes la lettre ci-dessous :

Monsieur, je vous prie d'annoncer à vos lecteurs que S. A. R. Madame, duchesse d'Angoulême, informée de l'incendie qui a eu lieu dans la rue Sainte-Croix, le 2 du courant, a bien voulu faire parvenir à M. le curé de St. Michel la somme de trois cents francs pour les malheureuses victimes de ce triste événement. Ce trait de générosité, ajouté à tant d'autres, nous fera bénir de plus-en-plus l'auguste princesse dont la touchante bonté fait la consolation de l'infortune et du malheur. — J'ai, etc.

Le 15, à huit heures et demie, une messe suivie de l'*exaudiat* a été dite dans l'église de l'hôpital Saint-André, en actions de graces du bienfait de la visite de Madame, et pour demander la protection du Ciel en faveur de nos armes.

Mr. de Monténégro, consul de Sa Majesté Catholique, a été reçu, ce jour, en audience particulière par son altesse royale qui est sortie du palais à une heure et s'est transportée à Mérignac, où elle est montée à cheval. M. le baron de Tricornot, officier des gardes, faisait le service. La princesse a visité la maison de campagne de Mgr. l'archevêque et est rentrée à trois heures et demie.

MM. Daniel Guestier et Jean-Baptiste Nairac, négocians, membres du conseil municipal, et le baron de Clouet, colonel du 19me. léger, ont été admis à l'honneur de dîner avec Madame.

Dans la soirée, elle s'est rendue au spectacle, où sa présence a excité les mêmes transports que dans les premiers jours.

Le 16, les dames du XII Mars, en vertu de l'autorisation qu'elles avaient reçues de Mme. la duchesse de Damas, dame-d'honneur, en survivance, de son altesse royale, se sont présentées au palais, vêtues de blanc, et portant avec elles un magnifique bouquet de fleurs. Introduites selon le cérémonial d'usage, son altesse royale les a accueillies avec une grande bonté, et daigna leur demander si elles étaient les dames du *Douze Mars*. Sur l'affirmative, et après que le bouquet eût été présenté à MADAME, une jeune demoiselle lui récita les vers suivans :

Ces fleurs dont l'émail se colore
Des plus éclatantes couleurs
N'auront hélas ! eu qu'une aurore
Qui les arrosa de ses pleurs :
Mais n'augurez rien, ô Marie !
De ce gage si passager ;
Il est vrai qu'un instant peut les faire changer,
Tandis que notre cœur est à vous pour la vie.

S. A. R. reçut les fleurs, et demanda encore à ces dames : *Est-ce le bouquet du* 12 *Mars ?* Oui, MADAME, s'écrièrent-elles, c'est le bouquet de ce jour de bonheur. *Ah! je n'oublierai jamais ce jour-là*, répliqua MADAME.

Ces dames, en se retirant, ne pouvaient assez exprimer leur amour et leur respect pour la princesse, quand elles rencontrèrent à la porte une de leurs compagnes qui, ayant son mari de garde, venait de perdre, en lui parlant, l'occasion d'être présentée avec le reste du cortège. Le déplaisir que cette dame en ressentit fut si profond que M. le préfet, touché de sa peine, passa chez S. A. R. pour la faire prévenir du vif chagrin de Mme. N........ L'auguste princesse, dont la bonté se manifeste dans les moindres occasions, donna aussitôt des ordres pour que cette dame fût introduite seule, et daigna accueillir aussi bien que les autres cette excellente royaliste dont les larmes ne furent taries que par sa présence.

Une si grande recherche de bonté et ce soin continuel à ne désobliger personne est une des premières vertus de S. A. R.

A une heure, Madame est montée en voiture pour faire sa promenade accoutumée qui a été dirigée sur Caudéran. Mr. d'Augustin, officier des gardes, commandait le service. Son altesse royale est rentrée vers quatre heures.

A cinq heures, M. Henri Howy, consul de sa maj. le roi des Pays-Bas, a eu l'honneur d'être reçu en audience particulière.

M. Bergevin, chevalier de S. Louis et membre de la légion-d'honneur, commissaire général de la marine aux port et sous-arrondissement de Bordeaux; M. Portal, armateur, administrateur des hospices civils, commissaire de l'hospice des incurables et l'un des administrateurs du mont-de-piété, et M. Balguerie-Stuttemberg, armateur, chevalier de la légion-d'honneur, membre du conseil municipal, ont été admis à la table de S. A. R.

A sept heures, elle s'est rendue au cirque de l'écuyer Ducrow; et bien que jamais la foule n'eût été aussi considérable, il n'est pas arrivé le plus petit désordre, grace aux sages précautions prises par la police, autant qu'à l'esprit d'union et de bon accord dont tout le monde paraissait animé. Il serait difficile de redire les cris de joie et les nouveaux transports causés par la présence de Madame; il le serait peut-être autant de donner une idée des tableaux gracieux qu'a présentés l'intrépide Ducrow, qui s'est surpassé dans cette favorable circonstance, et qui a été plus d'une fois honoré du suffrage le plus flatteur et le plus auguste.

En se retirant, tout le monde s'entretenait du coup-d'œil magnifique qu'avait offert cet amphithéâtre, de la variété du spectacle, et sur-tout de la princesse bien-aimée qui venait d'en faire le plus doux ornement.

Le soir de ce beau jour, il y eut réunion et bal chez les dames Ferrand, où plus de quatre cents personnes, toutes animées des meilleurs sentimens, ne cessèrent de mêler le nom de MADAME à l'expression de leur joie et de leur plaisir.

Le 17, à onze heures, son altesse royale a reçu les dames des officiers du 19e. léger, qui lui ont été présentées par le colonel. Elle a également reçu M. de Montolieu, lieutenant de gendarmerie à Lesparre.

Madame a accordé une audience particulière à M. le baron de Villeneuve, chevalier de S. Louis, ancien page de Louis XVI, et à M. le baron de Batz-Trenquellion, maire de Furgaroles (Lot et Garonne).

Elle est sortie à une heure, et a visité la maison de campagne de M. Tarteyron, à Talence. S. A. R. est rentrée à trois heures et trois quarts. M. Tricornot commandait le service.

Mme. la comtesse d'Osmond, épouse de Mr. le comte d'Osmond, chef d'escadron et aide-de-camp de S. A. R. le duc d'Angoulême ; monseigneur l'archevêque de Tyr, nonce du S. Siège en Espagne ; M. le colonel Schepler, chargé d'affaires de S. M. le roi de Prusse près de Sa Majesté Catholique ; M. le comte de Labourdonnaye, commandant le département, et M. le comte de Meyronnet, chef d'état-major de la 11me. division, ont eu l'honneur de dîner avec Madame.

Le 18, à sept heures, on a célébré dans la chapelle du Sacré-Cœur et de l'Adoration-Perpétuelle une messe suivie de l'*exaudiat*, en action de graces de la visite de l'auguste Marie-Thérèse, pour la conservation de son illustre époux et le succès de ses armes. Les mêmes prières ont eu lieu pendant la quarantaine.

Dans la cité du XII Mars, ce ne sont pas seulement les dames du Berceau, plusieurs confréries et plusieurs congrégations religieuses qui firent dire des neuvaines pour le succès des armes de S. A. Mgr. le duc d'Angoulême ; ici toutes les églises répétèrent également chaque jour des prières publiques dans le même but, et la présence de MADAME ajoutait encore à la ferveur de ces vœux que nous partagions tous.

Comment pourrait-il en être autrement, lorsque chaque pas de l'auguste princesse est en quelque sorte marqué par un nouveau bienfait ? Sa seule approche est comme un présage de bonheur, et, sans parler de Bordeaux, plus d'une ville est là sur la route de Paris, pour attester cette habitude de commisération ou de munificence qui fait, depuis longtemps, le caractère distinctif des Bourbons : aussi l'amour que MADAME inspire aux Bordelais offre-t-il réunis tous les signes d'une espèce de culte, le besoin de la revoir semblait être le premier besoin de toutes les classes de la société ; celui qui avait pu recueillir un seul mot de sa bouche s'en retournait plus satisfait. Enfin, comme le disait, il y a neuf ans, l'un des poëtes les plus destingués qui chantèrent la première apparition de MADAME dans nos murs,

Tous veulent contempler ces traits pleins de douceur,
Où la grâce ast uuie au charme du malheur.
Ce débile vieillard, à ta vue, ô MARIE !
Semble tromper le temps et ressaisir la vie ;
Plus loin l'adolescent au Ciel lève les mains,
Fier de te consacrer ses tranquilles destins,
Et le pauvre à genoux, oubliant ses souffrances,
riche de tes bienfaits, croit à deux providences.

. . . .

. . . .

Mais des transports si doux ont pour toi trop de charmes,
Tu n'y résistes plus, tes yeux versent des larmes,
Et tu dis, dans ton cœur aussi pur que le jour,
Non il n'est point d'amour pareil à leur amour.

Ces vers de M. Lorrando, présentement chef de la quatrième division à la préfecture de ce département, en retraçant la fidèle image de nos sentimens, disent aussi avec un rare bonheur d'expression l'effet que produit notre dévouement sur le cœur de MADAME. Plus d'une fois elle s'en est montrée attendrie au point de faire craindre pour elle les suites d'une émotion trop vive et trop prolongée. Cependant, tout le monde l'a remarqué, jamais sa santé ne parut plus brillante que depuis qu'elle habite la cité fidèle. Pour mon compte, j'en suis peu surprise, disait une femme de beaucoup d'esprit; *rien n'est si sain que d'être aimé.*

A cette époque, M. le curé de Damasan écrivait à l'un de nos journalistes : *vous devez être heureux, vous possédez dans vos murs l'ange de la France et l'héroïne du 12 mars. Notre armée a débuté sous d'heureux auspices, et Dieu pa-*

rait se décider en sa faveur. J'ai célébré une neuvaine dans mon église, pour demander au Ciel la prospérité des trônes et celle des autels. J'ai harangué le peuple, ainsi que je le devais, pour lui faire sentir la justice et la nécessité de la guerre, et pour en finir, s'il est possible, avec la cause de nos malheurs communs, qui est l'impiété. De-là découle en effet l'esprit d'indépendance, qui tend au renversement total de tout esprit religieux, moral et politique.

Vers onze heures, MADAME a reçu M. le chevalier du Repaire, maréchal des camps et armées du roi, commandeur de l'ordre royal et militaire de Saint-Louis. C'est cet ancien officier des gardes, qui fut blessé et laissé pour mort lors de l'attentat des 5 et 6 octobre.

Mme. la baronne de Pichon et ses deux fils ont eu l'honneur d'être reçus en audience particulière.

A une heure, S. A. R. est montée en voiture, et a dirigé sa promenade vers Bègles. S. A. R. est rentrée à quatre heures.

Mgr l'archevêque, M. le chevalier du Repaire, M. le comte et Mme. la comtesse de Puységur, et M. Barrès, vicaire général, ont eu l'honneur d'être admis à la table de son altesse royale.

La 3me. compagnie de chasseurs du premier bataillon d'élite de la garde nationale a voulu célébrer son premier tour de garde au palais royal par l'inauguration du buste de monseigneur le duc d'Angoulême.

Les carabiniers du 19me. léger, qui ce jour-là étaient de service au palais, avaient été invités à prendre part à cette fête de famille, à laquelle assistaient également MM. les cavaliers de la garde nationale.

M. Gaudry, capitaine des chasseurs, a prononcé un discours, dans lequel on remarquait l'expression bien sincère du dévoûment le plus absolu. Ces sentimens partagés par tous les spectateurs ont éclaté bientôt après d'une manière non équivoque, et les cris de *vive le Roi* ! *vivent les Bourbons* ! se sont longtemps prolongés.

S. A. a honoré le grand théâtre de sa présence.

Le 19, à une heure, Madame est sortie du palais royal en calèche découverte. S. A. R., après avoir traversé le pont au milieu d'une population toujours avide de la revoir, a suivi la grand'route jusqu'à la côte du *Cypressat*, où elle s'est arrêtée : là, elle est descendue de voiture et s'est dirigée vers le château de Sibirol, appartenant à M. Carrié. S. A. R. a gravi à pied le côteau.

Ayant rencontré dans la grande allée Mr. G. fils, auteur du *Chant de la garde nationale*, qui avait été envoyé en avant par Mr. le commandant de la cavalerie, Madame a daigné lui dire : *C'est avec beaucoup de satisfaction que j'ai entendu vos couplets, on voit bien que cela vient du cœur.*

Oui, Madame, a répondu ce garde national; *je suis heureux et fier des bontés de V. A. R. Je ne donnerai pas un tel suffrage pour la plus belle renommée.*

Madame a semblé parcourir avec intérêt les divers points de vue de ce beau domaine; lorsque S. A. R. est revenue à sa voiture, une foule de paysans et de pauvres gens se sont précipités vers elle, et l'ont entourée. Cette bonne princesse leur a distribué elle-même des marques de son affectueuse commisération; on aurait dit une mère au sein de sa famille.

Nous avons remarqué un enfant qui a présenté à S. A. R. un bouquet préparé à la hâte par les paysans des environs, avec ce quatrain patois, improvisé sur le lieu :

A MADAME.

Aquelles flous ne soun pas des mey belles,
Mais si las recebets ne l'oublidran jamais;
Car, den noste pays, soun brabes et fidelles,
Et cadun se souben *d'aou reyot béarnais.* (1)

M. le préfet; M. Labroue, conseiller de préfecture, et M. le sous-préfet de Montémard ont eu l'honneur d'être admis à la table de S. A. R.

Madame a honoré de sa présence la représentation de *Tancrède*. Le spectacle a été très-brillant. On y a chanté les couplets suivans, sur l'air du *chant royal*, musique de M. Hus-Desforges:

Quand mars pour nous est l'ère de la gloire,
Pour nous avril est celle du bonheur;
De ces deux mois gardons tous la mémoire,
Ils ont comblé les vœux de notre cœur:
Notre cité ne connut plus d'alarmes
Quand du midi nous vîmes le héros,
Et de plaisir nous versons tous des larmes
En revoyant l'idole de Bordeaux.

De preux soldats, l'honneur de la patrie,
Nous ont nommés, dans leur trop court séjour,

(*) *On sait que les paysans de nos contrées appelaient toujours Henri IV* lou reyot.

Gardes du corps de l'auguste Marie ;
Ils connaissaient nos vœux et notre amour :
Fiers de venger l'honneur du diadême ,
Pour Ferdinand ils bravent tous les maux ;
Ah ! s'il fallait te défendre de même ,
Fille des rois , souviens-toi de Bordeaux.

Des Bordelais , dont tu fus l'espérance,
Reçois les vœux, noble fils de Berri ;
Tous périraient pour l'ange de la France ,
Jusqu'à la mort tous défendront Henri.
Appuis constans d'une race chérie ,
Nous inscrirons sur nos heureux drapeaux :
Vive à jamais notre auguste Marie !
Vive à jamais notre duc de Bordeaux !

Par R. de C. . . .

Le 20 , à onze heures et demie , son altesse royale a reçu d'abord les autorités civiles et militaires ; puis une députation de Blaye , ayant à sa tête M. le sous-préfet et un grand nombre d'autres personnes les plus notables de l'arrondissement.

M. Badimont, maire de Pauillac , chevalier des ordres royaux de St. Louis et de la légion-d'honneur, a eu l'honneur de lui être présenté et de lui témoigner l'espoir dont se flattent tous ses administrés de la voir à Pauillac. S. A. R. a bien voulu lui répondre, avec sa bonté accoutumée, qu'elle avait le plus vif desir de faire ce voyage et qu'elle comptait l'effectuer incessamment.

MADAME est sortie vers midi et s'est rendue sur la place d'Armes pour passer la revue du 19me. léger et d'un détachement de chasseurs à cheval. Ces troupes, après avoir exécuté quelques manœuvres, ont défilé devant son altesse royale.

Elle est allée ensuite à Talence, visiter le bien de Peixotto, appartenant à M. Thomassin, et l'un des plus beaux de nos environs.

MADAME est rentrée à trois heures, et à quatre elle est allée au Salut à Saint-André.

MM. le baron d'Alméras, commandant la division; le baron Rateau, procureur général; le vicomte Both de Tauzia, et le comte de Laplace, commandant de l'artillerie, ont eu l'honneur de dîner avec son altesse royale.

Le 21, à neuf heures et demie du matin, S. A. R. MADAME, duchesse d'Angoulême, est montée en voiture pour se rendre à Saint-Michel, où elle a entendu la messe dans la chapelle de la confrérie royale de Montuzet et du XII Mars. MADAME est rentrée à dix heures et un quart.

A onze heures, S. A. R. a reçu les officiers d'artillerie de la garde, qui étaient à Bordeaux, et quelques officiers du 19e. léger.

Elle est sortie à une heure, pour faire sa promenade ordinaire, et a visité la verrerie de MM. *Mitchel*, frères, pavé des Chartrons.

S. A. R. ayant eu aussi la curiosité de visiter l'établissement de Vincennes, elle s'y est rendue ensuite et a paru examiner avec plaisir les montagnes russes qui sont un des principaux agrémens de ce lieu. Elle est rentrée à 3 heures et demie.

M. le maréchal-de-camp du Repaire, M. le colonel de Capdeville, et M. de Castéjà, préfet de la Haute-Vienne, ont eu l'honneur de dîner avec MADAME qui a reçu les dames à huit heures.

« *L'exactitude est la politesse des princes*. Ce mot, l'un des plus heureux de tous ceux du même genre qui sont sortis d'une bouche auguste; ce mot semble être partout et toujours la règle de conduite de S. A. R. la duchesse d'Angoulême. Le 22, à huit heures précises du matin, moment qu'elle-même avait fixé pour son départ, notre princesse bien-aimée s'est rendue sur le point de la rade, où devait avoir lieu son embarquement pour Blaye, et où l'attendait, depuis sept heures, une grande partie de notre population, moins attirée par la nouveauté du spectacle que par un infatigable desir de la revoir.

A huit heures, le temps était menaçant. Madame entra à bord de *la Gironde*; aussitôt le soleil parut et une flamme hissée sur la proue fit connaître que ce bateau, consacré par la présence de Madame, venait de recevoir le nom de *Marie-Thérèse*, et qu'il voguerait à l'avenir sous ce nom aussi célèbre qu'adoré.

Les soins pris avec tant d'empressement par MM. Daniel Guestier, Balguerie - Stuttemberg, Sarget, David Johnston et Nathaniel Johnston, auxquels ce bâtiment appartient, reçurent la récompense la plus flatteuse de la bouche même de l'auguste héroïne qui en était l'objet. Madame daigna dire qu'elle était très-satisfaite de tous les préparatifs concertés pour la recevoir, et parut frappée du spectacle inattendu qui s'offrit à ses yeux dès qu'elle eût visité le bord.

Ce bateau avait été décoré avec un goût et une élégance très-remarquables. Le long tube, par où s'échappe la fumée, était caché dans un faisceau de piques dorées, et au milieu de ce faisceau fraient suspendus deux grands boucliers entourés de roses et présentant l'image éclatante des armes de France. A la base du faisceau, le buste du duc d'Angoulême était ombragé par un groupe de drapeaux français et par le chiffre tressé en fleurs de son auguste épouse. Une tente s'élevait sur le gaillard-d'arrière, laquelle protégeait un riche fauteuil destiné pour MADAME, et qu'on avait de toutes parts environné de guirlandes et de fleurs. Les flancs du bateau même étaient ornés de drapeaux et de festons.

Au-dessous de la corniche sur laquelle brillaient des fleurs de lys, qui se profilaient ingénieusement sur le piédestal, trois inscriptions ont appelé l'attention de MADAME, et n'ont pas tardé à exciter son intérêt :

Douze-Mars 1814.
Montélimart 1815.
Bidassoa 1823.

Une couronne d'immortelles expliquait suffisamment la première de ces inscriptions ; une double tresse de laurier entourait la seconde, touchant hommage à l'honneur et au courage malheureux.

On voyait enfin autour de la troisième une palme se rattachant à une branche d'olivier : c'était dire que la victoire devait amener la paix.

Un parterre renfermant les plantes les plus rares et du parfum le plus exquis, transporté comme par enchantement sur le tillac, entre le monument triomphal et le pavillon sous lequel Madame devait s'asseoir, captivait la vue et charmait l'odorat.

Présenté par M. le préfet, et par M. Gautier, commandant la garde nationale à cheval, un maréchal-des-logis de cette garde, qui avait présidé à la décoration du bateau et à l'ensemble de la fête, a reçu de Madame des témoignages de sa bienveillante approbation.

Au moment où S. A. R. s'est embarquée, les matelots, tous habillés de blanc, ont donné le signal d'une acclamation qui s'est prolongée au loin sur les deux rives et dans toute la rade. Des salves d'artillerie ont annoncé le départ, et la musique militaire qui accompagnait MADAME a fait entendre les airs qu'elle préfère et qui depuis long-temps font le charme de toutes nos fêtes.

Trois autres bateaux à vapeur, *le duc d'Angoulême*, *le Sully* et *l'Ingénieur*, également bien décorés et pavoisés de drapeaux blancs, se sont mis en marche, à la suite de celui qui portait la princesse. La foule dont ils étaient chargés, en rapprochant leurs bords de la surface de l'eau, ne pouvait néanmoins retarder la vélocité de leur course : d'un autre côté, le monde prodigieux sous lequel semblait disparaître tout le rivage des Chartrons ; les spectateurs qui remplissaient les balcons, les terrasses et jusqu'aux moindres croisées de ce beau quartier ; les groupes entassés sur les voitures et sur les charrettes, les mille barques flottantes et les nombreux vaisseaux dont la rivière était couverte, tout faisait de cette grande scène l'un des spectacles les plus extraordinaires et les plus ravissans que l'imagination puisse concevoir.

Le voyage de S. A. R. est également devenu l'occasion d'une fête pour chacun des villages riverains devant lesquels elle a passé : au milieu des témoignages si naïfs et si multipliés de l'alégresse des campagnes, on a particulièrement remarqué l'enthousiasme manifesté par les habitans de la Roque-de-Tau, à la vue du bateau qui portait MADAME. Cette côte escarpée et qui domine la rivière à une si grande hauteur a paru dans un instant couverte sur tous les points d'une population nombreuse. Chacun de ces laborieux ouvriers sortant du creux des rochers qui servent d'ateliers ou d'habitations a fait retentir les airs du cri prolongé de *vive le roi ! vive* MADAME ! auquel ont répondu d'abord la musique des bateaux et les acclamations des joyeux navigateurs. Un magnifique déjeûner avait été préparé par les soins de M. le comte de Breteuil, préfet du département de la Gironde, à bord de *la Marie-Thérèse ;* et MADAME a bien voulu s'asseoir à ce banquet dont l'à-propos doublait encore le prix et la grâce, et auquel le petit nombre de fonctionnaires et de personnes, qui avaient l'inappréciable avantage de naviguer sous le pavillon du grand-amiral, ont eu l'honneur d'être admis.

Nous ne pouvons passer sous silence le toast porté par Mr. le préfet, un moment après que MADAME eut monté sur le pont pour remarquer tout ce que la Roque offre de singulièrement pittoresque. Ce magistrat dit alors avec la plus vive émotion : « Au trésor que nous avons le bonheur de posséder ici, et qui inspire de tels sentimens que ce serait leur nuire que de chercher à les exprimer ! *Vive* MADAME ! »

Durant ce temps, on exécutait des danses sur les bateaux à vapeur, qui escortaient celui de S. A. R. Bientôt même, pour jouir du spectacle de cette joie si pure qu'inspirait sa présence, Madame a daigné se promener successivement à bâbord et à stribord de son embarcation, souriant à ces jeux dont elle était la reine, et remerciant ses heureux compagnons de voyage de ces plaisirs qu'elle partageait.

Arrivés en face de Blaye, les trois bateaux à vapeur, qui avaient suivi jusque-là celui de la princeese, se sont arrêtés pour déposer leurs passagers, et *la Marie-Thérèse* a continué sa route vers Pauillac où des souvenirs qu'elle chérit, malgré leur amertume, attiraient sans doute S. A. R.

En débarquant à Pauillac, Madame s'est d'abord rendue à la chapelle qui avait vu ses larmes et entendu ses prières dans des jours de deuil, que nous ne saurions oublier. Puis, afin d'atténuer cette impression douloureuse par quelque autre plus consolante, on a fait en sorte que ce même rivage, où Madame s'embarqua pour nous quitter en 1815, lui offrît réunies à peu près toutes les personnes qui assistèrent alors à ce fatal départ, et dont l'auguste princesse daigna récompenser le zèle courageux, en leur distribuant le panache et les rubans blancs de sa coiffure. Elle s'est fait présenter par M. Gautier, chef d'escadron, les cavaliers qui se trouvaient-là, et qui avaient accompli l'honorable et douloureux devoir de l'accompagner jusqu'à ce port au jour de l'adversité. Elle leur dit : « Je vous retrouve avec plaisir ; je voudrais que vous y fussiez tous, je vous reconnaîtrais ensemble comme j'aime à vous reconnaître en particulier. Jamais je ne vous oublierai. »

Le même ciel de Pauillac, qui, à cette époque, était triste et sombre, a du moins éclairé de quelques rayons favorables une fête si intéressante pour tous les cœurs bordelais.

A l'issue de la messe, le tribunal civil de Lesparre, qui s'y était rendu spontanément, a été présenté à Madame par M. le chevalier Badimont, maire de Pauillac. M. Fabre de Rieunègre, président du tribunal, a adressé ces paroles à S. A. :

Madame, le tribunal civil de Lesparre s'empresse de saisir le moment où V. A. R. daigne honorer de sa présence une partie de son arrondissement, pour venir déposer à ses pieds l'hommage de son respect, de son amour et de son dévouement pour l'auguste famille des Bourbons.

La situation d'esprit dans laquelle se trouvait S. A. R. ne pouvait pas lui faire négliger le vénérable curé de Pauillac ; aussi, pendant la présentation qui eut lieu après l'office, MADAME lui a-t-elle dit : « Vous êtes un homme très-respectable, M. le curé ; vous n'avez jamais varié. Je vous ai quitté dans des circonstances cruelles, et je vous revois avec plaisir ; vous administrez parfaitement votre paroisse, vous y faites beaucoup de bien. »

On n'a pas expliqué pourquoi les bateaux de la suite s'étaient arrêtés à Blaye, mais nous pensons en trouver le motif dans le desir que MADAME aura eu d'assimiler la dernière partie de cette navigation à un voyage de sentiment. En effet, à la manière dont MADAME s'est d'abord dérobée aux hommages qui l'attendaient sur le port de Pauillac, à l'empressement qu'elle mit à se rendre à l'église pour remercier celui à qui elle a dû son retour, à la ferveur de ses prières, à la profonde émotion qu'elle éprouvait visiblement en se prosternant aux pieds des autels, on pouvait apprécier le sentiment qui lui avait fait souhaiter quelques minutes d'isolement.

Au moment où Madame a reparu devant Blaye, les eaux se trouvant trop basses, le bateau qu'elle montait n'a pu joindre le rivage ; aussitôt une foule de marins et d'habitans se sont mis dans la rivière jusqu'à la poitrine pour faire arriver l'embarcation. C'est ainsi que S. A. R. est descendue à terre et qu'elle a été reçue par un long cortège de jeunes filles vêtues de blanc, à la tête desquelles marchaient, avec les notables de la ville, M. le maire et M. le commandant de la citadelle.

Une calèche disposée sur le port pour recevoir la princesse a été traînée par une foule de fidèles royalistes qui se disputaient cet honneur. Madame a employé la plus grande partie du jour à visiter les fortifications et les troupes.

Pendant ce temps, tous ceux des Bordelais qui n'avaient pu être de ce voyage s'en consolaient du moins par la pensée du prompt retour de S. A. R.

Depuis quatre heures de l'après-midi, les quais du Château-Trompette et des Chartrons, jusqu'à Bacalan, étaient devenus comme un lieu de rendez-vous pour toute la population de la cité fidèle. Les vaisseaux et les pontons les plus voisins de l'endroit où devait se faire le débarquement avaient reçu plus de spectateurs encore que durant la matinée ; mais le bateau à vapeur, qui portait la princesse si impatiemment attendue, n'a paru devant les

Chartrons que vers sept heures du soir, lorsque déjà la chute du jour ne permettait qu'à peine de distinguer les objets. Annoncée de loin par quelques pièces d'artillerie, Madame a pourtant été aperçue sur le rapide gaillard qui nous la ramenait, et sa présence a de nouveau excité dans toute la rade des signes d'alégresse et des transports qu'il est bien plus facile de partager que de décrire. Une tendre mère de famille est reçue avec moins de joie par des enfans qu'elle a quittés depuis longues années.

Madame n'a point voulu laisser passer cette journée sans céder à l'habitude où elle est de répandre des bienfaits : un homme de l'équipage, qui compte d'anciens services, et dont le travail fait vivre une nombreuse famille, a obtenu de S. A. R. une exemption qu'il sollicitait.

Madame, dont les bontés pour la garde nationale étaient intarissables, voulut bien pendant la traversée, et à propos du duc de Bordeaux, détacher un de ses bracelets et le remettre elle-même dans les mains des cavaliers de son escorte, pour leur faire connaître ce duc de Bordeaux, vers qui se tournent toutes les espérances de la patrie, et qui assure un roi à leurs enfans. « Ce portrait est ressemblant, messieurs, leur dit-elle : le prince vous aimera comme vous l'aimez ; il viendra vous le dire un jour, et en attendant il ne cesse de répéter *Bordeaux*, *Bordeaux*. »

EDMOND GÉRAUD.

Le 23, à une heure, S. A. MADAME, duchesse d'Angoulême, s'est rendue dans la commune de Caudéran, au lieu où l'on a construit l'hôpital militaire. MADAME a traversé, au milieu de la foule qui la précédait et l'accompagnait partout, l'enceinte plantée d'arbres et les jardins élégamment décorés qui donnent aux malades rassemblés dans ce lieu autant d'agrément que de salubrité. Reçue avec les témoignages d'amour et les cris de joie accoutumés, l'auguste princesse est allée d'abord se reposer un moment sur une estrade élevée d'où elle était aperçue de toutes les parties du jardin. Autour de sa personne royale, étaient placées les autorités civiles et militaires, et les jeunes élèves de la demoiselle Loustalet. Là M. le baron d'Alméras, lieutenant-général commandant la 11me. division militaire, a eu l'honneur d'adresser à MADAME une courte harangue, qu'elle a paru écouter avec un vif intérêt.

Mr. Rochefort, architecte chargé de la construction de ce bel établissement, lui en a présenté le plan qui a été gracieusement agréé par S. A. R.

Bientôt, tout étant prêt pour la consécration du terrain où devait s'élever la chapelle vouée à la sainte Vierge, S. A. R. a été invitée à venir, par sa présence, rendre plus solennelle encore cette pieuse cérémonie; c'est alors qu'à la tête du clergé S. G. Mgr. l'archevêque de Bordeaux a eu l'honneur de conduire l'auguste princesse, qui a bien voulu sceller elle-même la première pierre de l'édifice, tandis qu'avec les prières d'usage le vénérable prélat en bénissait le sol.

Dans ce moment, les détonations de l'artillerie, les cris prolongés de *vive* MADAME ! le silence et le recueillement des soldats à genoux, la multitude rassemblée autour de l'enceinte, les nombreux drapeaux blancs qui flottaient dans les airs, tout ajoutait encore au caractère imposant de cette cérémonie. Le caprice de la saison sembla même jusqu'à la fin en avoir respecté l'intention pieuse, puisque de fortes averses de pluie n'ont commencé qu'après le départ de S. A. R.

Une médaille en cuivre bronzé fut déposée sous la première pierre de la chapelle, que MADAME daigna sceller de sa propre main.

Cette médaille, qui doit perpétuer à jamais le souvenir de cette pieuse cérémonie, portait l'inscription suivante : *Première pierre de la chapelle de l'hôpital militaire de Bordeaux, dédiée à la Vierge Marie par S. A. R.* MADAME, *Marie Thérèse de France, duchesse d'Angoulême, le 23 avril* 1823.

D'abord présentée à S. A. R., la médaille fut placée aussitôt après dans une boîte de plomb et déposée sous la pierre; puis, dès que la cérémonie religieuse fut terminée, M. Estenave, propriétaire de l'établissement, eut aussi l'honneur d'offrir à MADAME le plan de l'hôpital militaire, tel qu'il a été définitivement arrêté par S. Exc. le ministre de la guerre.

S. A. R. fit donner, par l'intermédiaire de M. le marquis de Vibrai, une somme de trois cents francs, pour être distribuée entre les ouvriers maçons qui lui avaient fait offrir, par une jeune fille, un bouquet de fleurs des mieux choisies.

Au moment de monter en voiture, MADAME, toujours soigneuse de dire des choses obligeantes, daigna répéter plusieurs fois à M. l'adjoint du maire de Caudéran, ainsi qu'à M. Estenave, qui avait présidé à tous les préparatifs et à toutes les dispositions de la cérémonie : « Messieurs, c'était charmant ; en vérité, je pars très-contente et très-satisfaite. »

MM. le comte de Breteuil, préfet du département de la Gironde ; le comte de Puységur, préfet de celui des Landes, et le colonel comte de Bargon ont eu l'honneur de dîner avec S. A. R.

La première compagnie des grenadiers du 2me. bataillon d'élite de la garde nationale a fait, dans le corps-de-garde du palais royal, l'inauguration du buste de S. M.

MM. les officiers du 19e. léger qui ce jour-là étaient de service au palais ont bien voulu assister à cette fête de famille.

Les grenadiers du poste de la garde nationale avaient invité les sous-officiers et soldats de la ligne à un banquet, où l'on a vu régner la cordialité la plus franche et la plus aimable.

Pour terminer dignement cette fête, M. G., capitaine des grenadiers, a prononcé un discours dans lequel il a retracé en peu de mots tous les bienfaits que la France doit à la restauration ; et, après avoir fait sentir combien Louis XVIII avait de droits à notre amour, il s'est écrié d'une voix animée : « Troupes de ligne, gardes nationales, réunis sous un même maître, nous n'avons tous qu'un même desir, la prospérité de notre patrie. Eh bien! soyons toujours persuadés que c'est uniquement dans le triomphe de la légitimité que peut résider ce bonheur. Dès-lors, marchons constamment dans la ligne que nous tracent nos devoirs, et, fidèles au serment que nous avons prêté, mourons, s'il le faut, pour défendre notre roi, notre patrie, et ce drapeau sans tache, l'effroi des rebelles et la terreur des ennemis. »

Nous le jurons, ont répété spontanément tous les spectateurs, et la santé du roi, que l'on a portée aussitôt, a été accueillie par les cris long-temps prolongés de *vivent les Bourbons!*

Chacun le sait, il n'est point de fête chez les Bordelais où le nom de Madame ne soit mêlé aux accens de la joie et du respect; aussi la santé de *notre duchesse* a-t-elle été portée avec cette effusion de cœur, qui certes nous appartient en propre. Le capitaine L. qui l'a proposée avait fait entendre auparavant de jolis couplets consacrés à l'héroïne de Bordeaux.

Plusieurs strophes ont été redemandées, et M. L. a dû s'apercevoir qu'il était le fidèle interprète des sentimens de toute la garde.

Le 24, MADAME est sortie à une heure, et a dirigé sa promenade vers Gradignau.

M. de Castéja, préfet de la Haute-Vienne; M. le baron d'Alméras, M. le comte Maxime de Puységur et Mme. la comtesse d'Osmond ont eu l'honneur de dîner avec la princesse.

A cinq heures et trois quarts, son altesse royale s'est rendue au chantier des frères *Moulinié*, qnai de la Monnaie, où devait se lancer un bâtiment appelé *l'Héroïne-de-Bordeaux*.

Une affluence considérable assiégeait, depuis longtemps, les environs du chantier et les bords de la rivière. A l'arrivée de la princesse, que les Bordelais ne pouvaient se lasser de voir, d'aimer et de bénir, l'èxcellente musique du 19e. léger a fait entendre ces airs guerriers dont l'effet est toujours d'exalter l'enthousiasme. Des cris unanimes de *vive* MADAME! et des salves d'artillerie ont marqué le moment où S. A. R. a pris place sous une tente élégamment décorée, où elle a été reçue par M. le préfet, M. le maire, et M. le commissaire-ordonnateur de la marine.

C'est de-là que l'auguste princesse a vu le bâtiment, pavoisé de drapeaux, descendre rapidement dans la rivière, aux acclamations de la foule rassemblée sur le rivage et jusque sur les toits des maisons environnantes.

Dans ce même instant, plusieurs bateaux à vapeur croisaient à la vue du chantier que venait de quitter le nouveau bâtiment, et les spectateurs dont ils étaient chargés ne cessaient de saluer *l'Héroïne de Bordeaux* des plus vives acclamations. Attirée par ces tableaux variés et par le calme de la soirée, S. A. R. a daigné monter un élégant brigantin préparé par les soins de Mr. l'ordonnateur de la marine, et elle a fait quelques tours dans la rade: bientôt les nombreux rameurs qui promenaient MADAME sur notre beau fleuve l'ayant ramenée au lieu même d'où elle était partie, de nouveaux cris de joie ont signalé son retour, et la foule s'est empressée autour de la princesse pour jouir un instant encore du bonheur de contempler ses traits.

Le 25, à une heure, MADAME a dirigé sa promenade vers la commune de Pessac. S. A. R. est rentrée à trois heures.

M. le vicomte de Gourgue, M. de Boisbertrand, M. le baron de Rayne, MM. David Johnston et Sarget ont eu l'honneur de dîner avec S. A. R.

Le 26, S. A. R. MADAME a présidé la société de Charité maternelle. S'il est une récompense pour les membres de cette intéressante société, c'est sans doute le bonheur d'avoir joui d'une faveur si grande et si précieuse, bonheur dont le souvenir ne s'effacera probablement jamais de leur mémoire.

D'après les ordres de S. A. R., les dames de la société au nombre de vingt-deux, ayant à leur tête Mme. la vicomtesse de Gourgue, leur digne présidente, et MM. les inspecteurs au nombre de six, ayant aussi à leur tête Mgr. l'archevêque, ont été introduits avec le cérémonial d'usage. MADAME a daigné les accueillir tous avec une extrême bonté, et a invité les uns et les autres à prendre place; alors M. le secrétaire a donné lecture du procès-verbal de la dernière séance, et a fait ensuite l'appel des demandes formées par plusieurs malheureuses mères de famille. S. A. R. a énoncé sur chacune de ces réclamations des observations si justes et si bien fondées que la société a vivement senti tout l'intérêt que MADAME prend à une institution qu'elle protége, non comme présidente de toutes celles qui sont établies en France, mais encore comme une bienfaitrice particulièrement affectionnée à celle-ci. S. A. a encouragé la société à suivre avec zèle les travaux auxquels elle s'est consacrée, et a terminé cette séance à jamais mémorable par dire à chacune de ces dames et à MM. les inspecteurs les choses les plus encourageantes.

Cette séance a duré une heure.

M. Mel de Fontenai, chevalier de S. Louis et fils du receveur général à Bordeaux avant la révolution, a obtenu une audience particulière.

A une heure, son altesse royale est sortie et a dirigé sa promenade vers Blanquefort. Sur la route, elle s'est arrêtée au lieu appelé *le Vigean*, et a visité un charmant petit domaine appartenant à Mr. le consul de Hanovre. Par le plus heureux hasard, le propriétaire étant arrivé dans ce moment a eu l'honneur d'être présenté à MADAME, qui bientôt après a voulu visiter aussi une maison de campagne du voisinage, appartenant à M. Dussumier-Fonbrune, l'un de nos députés. S. A. R. est rentrée au palais vers trois heures et demie.

Mgr. l'archevêque de Tyr, nonce de Sa Sainteté près le roi d'Espagne; M. le comte de Labourdonnaye, maréchal-de-camp, et M. de Montaubricq, pocureur du roi, ont eu l'honneur de dîner avec son altesse royale.

Le 27, à onze heures, les autorités civiles et militaires ; une députation de la caisse d'épargne ; un grand nombre de personnes de la ville, du département et des départemens voisins, ont eu l'honneur d'être reçus par S. A. R.

A une heure, MADAME s'est rendue au jardin public où elle a passé la revue de la garde nationale et de la troupe de ligne.

Depuis la veille, un élégant pavillon avait été préparé sur la terresse du jardin pour recevoir S. A. R. Cette vénérable princesse, que tous les Bordelais se rappellent d'avoir vue, dans des jours moins favorables, assister à la même place à de pareilles solennités, y a été reçue, aux acclamations d'une foule immense, par MM. le commandant de la division, le préfet, le lieutenant extraordinaire de police et le maire.

Outre la garde nationale et les deux escadrons de la garde à cheval, un détachement du 2e. de hussards et le beau régiment du 19me. léger formaient au milieu du jardin un immense carré d'où l'on avait avec soin écarté la foule. Avant de descendre de sa calèche, MADAME a voulu parcourir la double ligne de troupes rangées sous ses yeux, et chaque corps a fixé tour-à-tour l'attention de l'auguste princesse.

Pendant ce temps, le soleil couvert de gros nuages ne s'est pas fait voir un seul moment; mais le jour n'en paraissait que plus doux, et la fête plus agréable. Ces armures, ces casques, cette forêt de panaches mouvans, ces coursiers qui remplissaient l'enceinte de leurs hennissemens, le bruit des fanfares et des instrumens guerriers; une calèche enfin qui promenait à travers les rangs l'auguste petite-fille de Marie-Thérèse, objet de tant de vœux et d'hommages; tout contribuait à faire de cette revue un des plus brillans spectacles qui puisse enchanter les regards et frapper l'imgination. Tout ajoutait à l'ivresse de ce beau jour.

Un moment après que S. A. R. eut été ramenée vers le pavillon où elle a daigné prendre place; sur cette terrasse du jardin public, qui porte aussi, comme on sait, la dénomination de *Champ de Mars*, Mme. Anniche Duranton, l'une de celles qui fut députée à Paris par les dames du Berceau, s'est empressée de venir présenter à la princesse un modeste bouquet, accompagné du quatrain suivant :

Lorsque Louis, combattant des rebelles,
Au champ d'honneur guide nos preux guerriers,
Au champ de Mars les Bordelais fidelles
T'offrent des fleurs pour joindre à ses lauriers.

En recevant le bouquet, son altesse royale a demandé à Mme. Duranton si elle pensait quelquefois à monseigneur le duc d'Angoulême. *Oui, votre altesse*, a répondu cette bonne et fidelle Bordelaise ; *nous formons toujours pour lui les mêmes vœux, et nous ne cessons d'adresser au Ciel des prières pour le succès de ses armes, ainsi que pour son prompt retour près de vous.*

En face du brillant pavillon où Madame s'est assise, et des deux côtés de l'escalier qui descend au jardin, étaient placés deux grands vases garnis de mousse et contenant la plus belle variété de fleurs. Son altesse royale debout, et entourée de nos premiers fonctionnaires, a vu défiler devant elle toutes les troupes, l'artillerie en tête. En passant sous ses yeux, chaque compagnie faisait retentir les airs du cri de *vive Madame !* que répétait aussitôt la foule des spectateurs rassemblés en dedans et au dehors de l'enceinte. On a remarqué, comme une très-heureuse innovation, que, en approchant du lieu où était placée son altesse royale, la musique du 19e. léger, au lieu de jouer sur ses instrumens une marche guerrière, a fait entendre un concert de voix qui exécutaient en parties, et avec un simple accompagnement de cor ; la belle cantate de *vive le Roi ! vive la France !* Ce chant belliqueux, d'abord écouté en silence, a bientôt été interrompu par les transports d'enthousiasme, qu'il faisait naître, et les acclamations ont été universelles.

A peine la cavalerie venait-elle de défiler à son tour, et de fermer la marche, que MADAME, descendant l'escalier de la terrasse, s'est approchée d'un groupe d'officiers de la garde nationale et leur a exprimé sa vive satisfaction sur la beauté de ce spectacle. *Je craignais beaucoup, messieurs*, leur a-t-elle dit obligeamment, *que l'incertitude du temps ne dérangeât un peu cette fête et ne vînt troubler le plaisir d'une si belle journée ; mais tout va bien, et je suis très-contente de tout ce que j'ai vu.*

Au moment où elle adressait ces félicitations à la garde nationale, la foule, toujours plus avide de la voir et de l'approcher, a rompu de toutes parts les barrières qu'on lui opposait, et s'est précipitée dans l'enceinte vers le point que la princesse occupait. C'est au milieu de cette multitude, où sa présence semble toujours apporter la joie et le bonheur, que S. A. R. a regagné sa calèche, et a quitté lentement le jardin public, accompagnée des vœux bien sincères et des bénédictions de tous les assistans.

Au nombre des fêtes que nous amena le retour de la princesse à Bordeaux, celle-ci doit être distinguée, autant par son caractère guerrier, que par cette nuance de sentimens affectueux et tendres qu'y mêlait encore la présence de MADAME. Comme le jour de son arrivée, chacun voulait lui prodiguer des marques de vénération et de dévoûment ; jamais ce desir ne semblait assez satisfait, et partout où S. A. R. dirigeait ses pas, les acclamations redoublaient avec une vivacité dont il serait difficile de se faire une idée, si l'on ne portait soi-même au fond du cœur les mêmes causes d'enthousiasme et d'amour.

MADAME est rentrée à deux heures.

MM. Arnoux, Beaubens, de Ganduque, adjoints du maire, et M. le baron Clouet, colonel du 19e. léger, ont eu l'honneur de dîner avec son altesse royale, ainsi que M. Tenet, colonel de la garde nationale.

Ce dernier a reçu plusieurs fois de la princesse chérie les témoignages de la plus honorable distinction. *Je suis fort contente de vous tous*, lui dit-elle un jour, *et tout ce qui me rappelle la garde bordelaise me fait toujours plaisir*.

Dans la soirée, S. A. R. MADAME, duchesse d'Angoulême, a honoré de sa présence une représentation de *la fausse Agnès* et du ballet des *meuniers*. Dans les entr'actes ont été chantés des couplets qui tous faisaient allusion à son prochain départ, et manifestaient avec délicatesse un vif sentiment de regrets que partagent aujourd'hui tous les Bordelais. Parmi ces différens morceaux qui tous ont été applaudis et répétés avec une sorte de chaleur particulière à nos contrées, nous nous trouvons heureux de pouvoir offrir à nos lecteurs les couplets suivans dont l'auteur est, dit-on, M. Ségur, fils; il nous semble difficile de ramener plus agréablement des refrains plus heureux:

AIR DU *premier pas.*

Pourquoi partir?
Pourquoi donc, ô Marie!
Quitter ces lieux que tu vins embellir?
Auguste objet de notre idolâtrie,
Entends Bordeaux qui dans ses pleurs te crie:
Pourquoi partir? (*Bis.*)

Reviens à nous,
Si d'autres jours d'alarmes
Se préparaient dans l'avenir jaloux.
Si des méchans faisaient couler tes larmes,

Fille des rois, nous avons tous des armes;
Reviens à nous. (*Bis.*)

Songe à Bordeaux,
Quand une autre contrée
Viendra t'offrir des hommages nouveaux;
Et quand de nous tu seras séparée,
Parfois du moins, ô princesse adorée!
Songe à Bordeaux. (*Bis.*)

D'un prompt retour
La flatteuse espérance,
Souviens-t-en bien, console notre amour.
Ange du Ciel, toi qu'adore la France,
Notre bonheur est tout dans l'assurance
D'un prompt retour. (*Bis.*)

Le 28 à midi, Madame s'est rendue à la chapelle de Notre-Dame de Bon-Secours, rue Margaux, où son altesse royale a entendu un discours prononcé par M. l'abbé Goudelin. La quête a été faite en faveur des orphelines de la Providence.

Son altesse royale est rentrée à une heure, et a ensuite dirigé sa promenade vers Mérignac.

M. Delpit, président de la cour royale; M. le comte et Mme. la comtesse de Puységur; M. le baron Carayon-Latour, receveur général, et M. Loriague, armateur, membre du conseil municipal, ont eu l'honneur de dîner avec son altesse.

Dans la soirée, on a inauguré le buste de son altesse royale chez M. A. Gueux, instituteur aussi recommandable par ses lumières et par ses talens que par ses principes religieux et monarchiques. Cette fête de famille a été l'une des plus intéressantes qui aient été données à Bordeaux pendant le séjour de MADAME.

Le 29, à onze heures, MADAME a reçu une députation de la ville de Périgueux, ayant à sa tête M. le maire de cette ville.

A midi, S. A. R. est sortie pour faire sa promenade accoutumée qui a été dirigée vers Léognan.

M. le baron de Conteneuil, premier président, et Mme. la baronne de Conteneuil; M. le comte de Beurnonville, aide-de-camp de S. A. R. Mgr. le duc d'Angoulême, et M. le comte de Meyronnet, chef d'état-major de la division, ont eu l'honneur de dîner avec MADAME.

A huit heures, S. A. R. a reçu les dames.

Le 30, Mme. la comtesse de Lur-Saluces, M. le général baron d'Alméras, M. le préfet, M. le maréchal-de-camp comte de Labourdonnaye et M. le maire de Périgueux ont dîné avec S. A. R.

M. le comte de Laroche-Tolay, secrétaire général de la préfecture du département de la Charente-inférieure, a été reçu en audience particulière.

Partie de Bordeaux, le jeudi 1 mai, S. A. R. MADAME, duchesse d'Angoulême, est allée coucher à Agen, vendredi à Montauban et samedi à Toulouse. Une grande partie de la population de Bordeaux l'a accompagnée jusqu'à la colonne du XII Mars. Le moment de cette séparation a été marqué par des acclamations et des vœux, interprètes de la tristesse publique.

Nous saisirons l'absence momentanée de MADAME hors de nos murs, pour donner place ici à quelques morceaux de poésie, qui n'ont pu en trouver à l'endroit où ils auraient dû être classés. Nous ferons observer que notre intention a été de rassembler dans ce petit volume tout ce que les muses bordelaises ont fait paraître à l'occasion de l'arrivée de son altesse; voilà le motif qui nous y a fait insérer le quatrain, *page* 12 (malgré les justes critiques qu'on en avait faites), d'abord en faveur de l'intention, puis parce qu'il avait donné lieu à un rapprochement; mais nous ignorions qu'il avait été effacé avant l'arrivée de son altesse royale, et remplacé par ces mots : *vive* MADAME!

Vers sur le fortuné retour de S. A. R. MADAME, *duchesse d'Angoulême, dans la cité du Douze Mars.*

Jour de ravissement, de bonheur et de gloire,
Jour illustre à jamais qui combla tous mes vœux,
Je t'aurai constamment présent à ma mémoire;
Ton souvenir toujours sera délicieux.
J'ai vu, j'ai contemplé cette illustre princesse;
Sur ses traits rayonnaient la joie et le bonheur,
Et de nos cœurs heureux les transports et l'ivresse
Effaçaient de son front les traces du malheur.
Tel un lys éclatant dont la superbe tête
Obéit aux efforts des terribles autans,
Radieux, se relève alors qu'à la tempête
Succèdent du soleil les rayons bienfaisans.
Je l'ai vue, ô bonheur! cette illustre MARIE,
La fille de nos rois, la fille de Louis;
Ce moment fut pour moi le plus beau de ma vie.
Je n'ai plus de desirs, tous mes vœux sont remplis.

A. LALESQUE,
Humaniste de l'institution de M. Worms.

Les couplets suivans ont été chantés devant S. A. R. MADAME, par un élève du petit séminaire de Bordeaux, lorsqu'elle honora cet établissement de sa visite; ils sont aussi sur l'air du *premier pas* :

Vive le roi !
C'est le cri d'alégresse,
Que tout Français doit redire avec moi ;
Ah ! sous les yeux d'une auguste princesse,
Ce cri d'amour, répétons-le sans cesse :
Vive le roi ! *(Bis.)*

Que Dieudonné,
Dans la cité fidèle,
De tous les cœurs se voie environné !
Quel souvenir ton doux nom nous rappelle,
Duc de Bordeaux ! quel prix pour notre zèle
Que Dieudonné ! *(Bis.)*

A Ferdinand
Va rendre un diadème,
Prince chéri : va, son peuple t'attend ;
Il est pleuré par ce peuple qui l'aime.
Que de transports vont joindre d'Angoulême
A Ferdinand ! *(Bis.)*

Vive à jamais
Celle de qui l'histoire
Est en trois mots : *vertu, malheur, bienfaits !*
Oui ces trois mots suffisent à sa gloire,
De ces trois mots qu'en mon cœur la mémoire
Vive à jamais ! *(Bis.)*

A S. A. R. Madame, *duchesse d'Angoulême.*

Fille auguste des rois, ô princesse adorée !
Comme un ange du Ciel tu parais sur ces bords ;
Tu parais, ah ! comment de mon ame enivrée
Te dire les transports ?

A ton aspect divin se calme la tempête ;
Le ciel n'est plus chargé de nuages obscurs,
Et ses plus doux rayons embellissent la fête
Célébrée en nos murs.

Que j'aime à partager la publique alégresse,
A mêler mes accens aux cris d'un peuple heureux,
A voir ces cœurs français t'offrir avec ivresse
L'hommage de leurs vœux !

Parmi les monumens de la cité fidèle,
Tu chercherais en vain cet antique rempart
Où de l'usurpateur une main criminelle
Arbora l'étendard.

Ces donjons ne sont plus ; d'un pacifique ombrage
Leurs débris menaçans déjà se sont parés ;
Et le drapeau sans tache à travers le feuillage
Montre ses lys dorés.

Un pont tient sous ses lois la Garonne captive.
Oh ! combien je bénis le triomphe de l'art !
Par lui, sans nautonnier, sur l'onde fugitive
J'ai vu passer ton char.

J'ai vu, pour le traîner, se former une chaîne
De citoyens soldats à tes ordres soumis :
MARIE à nos regards était déjà la reine
Du royaume des lis.

Ah ! partage avec nous la flatteuse espérance
Que pleins d'un noble orgueil nourrissent les Français :
Ton époux obtiendra pour prix de sa vaillance
Le rameau de la paix.

Par Mme. Caroline de M.....

Inscription pour une Maison de campagne, qu'a visitée S. A. R. MADAME, *duchesse d'Angoulême.*

MARIE a répandu dans ce lieu solitaire,
Par sa seule présence, un calme solennel,
Et cette île chérie est l'humble sanctuaire
Où je viens pour cet ange invoquer l'Éternel.

MADAME ayant un jour passé devant la place d'armes au moment où le 19me d'infanterie légère se trouvait rangé, officiers et soldats, tous rompirent leurs rangs par un mouvement spontané, et entourèrent sa calèche avec toutes les démonstrations du dévouement le plus absolu.

Le 29, vers quatre heures et demie, S. A. R. MADAME est arrivée à Bordeaux, de retour de son voyage dans le midi. L'enthousiasme l'accueillit.

Avant d'entrer dans ses appartemens, elle a reçu Mgr. l'archevêque et ses vicaires généraux, M. le lieutenant-général, M. le premier président de la cour royale, M. le préfet, M. le maréchal-de-camp commandant le département, M. le maire avec MM. les adjoints et le conseil municipal; M. le baron de Rayne, commandant de la gendarmerie, et M. le baron de Clouet, commandant le 19me. léger. Le soir, la ville fut illuminée.

Le 30 à onze heures, MADAME a reçu MM. le lieutenant-général, le préfet, le maréchal-de-camp commandant le département, le maire, le commissaire général de police, le nonce et son secrétaire; M. Ravez, président de la chambre des députés, et MM. les députés de Pontet et Béchade.

MM. le baron d'Alméras, le comte de Breteuil, le comte de Labourdonnaye, et le vicomte de Gourgue, ont eu l'honneur de dîner avec S. A.

Le soir, Madame Royale a honoré le spectacle de sa présence, et s'est de nouveau montrée aux Bordelais, qui tous étaient également empressés de lui exprimer la joie qu'inspirait son retour.

Le 31, M. le premier président, Mgr. le nonce du pape, M. le lieutenant général de police, M. le colonel comte de Meyronnet, M. le colonel baron de Clouet, et M. le colonel Dary, ont eu l'honneur d'être admis à la table de Madame.

A huit heures, son altesse a reçu les dames.

Le 1 juin, à onze heures et demie, Madame a reçu les hommes.

A cinq heures, S. A. R. a été à St.-André, et a suivi la procession du Très-St.-Sacrement.

Le 2, Mgr. l'archevêque; M. le comte de Monbadon, pair de France; M. Ravez, président de la chambre des députés; M. le baron de Rayne, colonel de gendarmerie, et M. Barrès, vicaire général, ont été admis à dîner avec S. A. R.

Le 3, Madame est sortie à sept heures du matin pour aller se promener, et a dirigé sa promenade du côté de Saint-Médard où elle est montée à cheval. Son altesse a parcouru très-rapidement diverses prairies et est rentrée à neuf heures.

MM. de Puységur et de la Serre, maréchaux-de-camp; MM. de Pontet et Béchade, députés, ont eu l'honneur d'être admis à dîner avec S. A. R.

Madame est sortie à cinq heures et demie, et est allée se promener dans la commune de Villenave-d'Ornon. Elle y a visité le beau domaine de Laffé-rade, appartenant à Mr. Larché, ancien négociant. Ensuite S. A. R. est entrée dans le grand et superbe bien de Saint-Brice, qu'elle a parcouru, à pied, presque dans tout son entier.

Le 4 à midi, MADAME a reçu une députation de la ville de Baïonne.

Madame la comtesse d'Osmond; M. Desèze, président à la cour royale; M. Rateau, procureur général près de la cour royale; M. Émérigon, président du tribunal civil, et M. le baron de Schepler ont eu l'honneur de dîner avec S. A. R.

Le 5, MM. le comte Alexandre de Lur-Saluces; Paris, négociant; Sarget, membre du conseil municipal, et Nathaniel Johnston, négociant, ont eu l'honneur de dîner avec MADAME.

S. A. R. MADAME a accordé un secours de 300 fr. à des incendiés de la commune de Gerzat, canton de Clermont-Ferrand.

Le 6, M. le comte de Breteuil, préfet du département; Mme. la comtesse de Breteuil; MM. Hosten, conseiller en la cour royale; Tenet, colonel de la garde nationale, et Gautier, commandant de la garde à cheval, ont eu l'honneur de dîner avec MADAME.

Le soir, elle a assisté, dans l'église de S. André, à un sermon fait par l'abbé Guyon, missionnaire, *sur le bonheur de l'homme vertueux.*

Le 7, à 9 heures et demie du matin, S. A. R. reçut une députation de la ville de Pau.

MADAME est sortie à midi pour monter à cheval. Elle a dirigé sa promenade du côté de Blanquefort et s'est arrêtée chez M. de Brias. Elle est rentrée à 3 heures et demie. S. A. R. est sortie à 7 heures pour aller chez M. le préfet, où a eu lieu une vente au profit des pauvres, à laquelle la bienfaisante princesse a fait l'achat de plusieurs objets et à laqu'elle elle-même avait bien voulu exposer. Le produit de cette vente a été de plus de 11,000 fr.

MM. le baron d'Alméras, le comte Maxime de Puységur, ainsi que MM. Saget, bâtonnier des avocats, et Balguerie-Stuttemberg ont eu l'honneur de dîner avec S. A. R.

Le 9, à onze heures, une députation de la ville de Dax a eu l'honneur d'être présentée à S. A.

M. le vicomte et Mme. la vicomtesse de Gourgue, M. le comte de Labourdonnaye et M. Howy ont eu l'honneur de dîner avec S. A. R.

Le 10, MADAME est partie à six heures du matin, dans le bateau à vapeur, *le Sully*, pour se rendre à la chapelle de notre Dame de Verdelais.

A son retour, son altesse royale est descendue à Cadillac où MADAME a visité l'hospice des aliénés, confié aux sœurs de Saint-Laurent.

Le 11, MM. de Baritault et de Vaulx, adjoints du maire; le baron Clouet et le marquis de Brias ont eu l'honneur de dîner avec son altesse royale.

Le 12, M. le baron d'Alméras; M. de Cintré, préfet de la Dordogne, et Mme. son épouse; M. le général baron Civelot et M. le chevalier de Gombault ont eu l'honneur de dîner avec S. A. R.

Le 13, M. Nugent, préfet de la Charente-inférieure, et Mme. son épouse; M. Dussumier-Fonbrune, député de la Gironde; M. Dussumier-Latour, lieutenant-colonel de la garde nationale, ont eu l'honneur de dîner avec MADAME.

Le 14, à l'issue de la messe, M. Verdonnet, accompagné de MM. les membres formant le comité chargé de l'organisation de la ferme expérimentale du duc de Bordeaux, a eu l'honneur d'être admis à présenter les statuts de cette ferme à S. A. R. MADAME qui est allée dans l'après-midi visiter ce domaine situé dans la commune de Pessac.

MADAME est sortie à une heure, pour monter à cheval. Elle a dirigé sa promenade du côté de

Blanquefort, et est rentrée à 4 heures et demie.

Mgr. l'archevêque de Tyr, nonce du pape près S. M. C.; le secrétaire de la nonciature; le baron de Rayne, colonel de la gendarmerie; M. Pelletreau ont eu l'honneur de dîner avec S. A. R.

MADAME a reçu en audience particulière Mme. la marquise d'Hanache, née de Guerchy.

Le 15, à dix heures, S. A. R. MADAME, duchesse d'Angoulême, s'est rendue à Saint-André pour entendre la messe. MADAME est rentrée à onze heures et a reçu les hommes.

A midi, une députation du conseil général du département de la Charente a eu l'honneur d'être présentée à son altesse royale.

MM. le comte Lynch, le comte de Grivel, le vicomte Duhamel, Desfourniel, le vicomte Verthamont, et le baron Joinville, intendant militaire, ont eu l'honneur de dîner avec S. A. R.

MADAME a entendu un sermon prêché à S. André en faveur de la communauté de la Miséricorde.

Le 16 à midi, MADAME a reçu une députation de la ville de la Rochelle, chargée de supplier S. A. d'accorder à cette ville l'honneur de sa présence.

M. le comte de Breteuil, Mme. la comtesse de Lur-Saluces, M. le comte Alexandre de Lur-

Saluces, et M. le vicomte Eugène de Lur-Saluces, officier supérieur des gardes du corps du roi, ont été admis à la table de MADAME.

Le 17, M. Daniel Guestier, membre du conseil municipal, et M. Howy ont dîné avec S. A.

Par les soins des canonniers de la garde nationale, un brillant feu d'artifice a été tiré dans la cour du palais. S. A. a honoré cette fête de sa présence.

Le 18, S. G. l'archevêque de Tyr; le marquis de Talaru, ambassadeur de France près la cour de Madrid; le comte de Monbadon et le comte de Meyronnet ont eu l'honneur de dîner avec S. A. R.

Le 19, son altesse a reçu à onze heures une députation du conseil général du département de la Dordogne et une députation de la ville de Saintes.

Mme. la duchesse de Narbonne; le baron d'Alméras, et M. Deschamps, inspecteur des ponts et chaussées, ont eu l'honneur de dîner avec S. A.

Le 20, MADAME a visité le bel établissement des moulins des Chartrons, qu'elle a trouvé digne de son attention, et ensuite l'école de natation, qui y est jointe, dont elle parcourut toutes les parties.

Elle a, le soir, honoré de sa présence le ballet du *déserteur*, donné au bénéfice de M. Robillon.

Le 21, Mgr. l'archevêque; M. et Mme. de Conteneuil ; M. Chillaud de Larigaudie, président à la cour royale, ont été admis à la table de S. A.

Le 22, M. le comte de Breteuil est parti pour aller attendre MADAME à Bazas où elle est arrivée le lendemain 23, se rendant à Baïonne.

S. A. R. MADAME, duchesse d'Angoulême, est revenue à Bordeaux le 31 juillet, de son voyage dans les Pyrénées, et aux eaux de Saint-Sauveur, en Bigorre. Les bornes que nous nous sommes prescrites, pour faire paraître en temps opportun ces petites étrennes, ne nous permettent plus de rapporter ce qui s'est passé journellement jusqu'au départ définitif de MADAME pour la capitale du royaume, sa résidence ordinaire ; mais nous dirons qu'elle a continué ses courses aux environs de la ville et a visité tous les lieux qui pouvaient offrir quelque intérêt à sa curiosité. Toutes ses journées, parmi nous, ont été remplies comme celles de Titus ; il ne s'en est passé aucune sans qu'elle fît quelque bien. Tous les matins, son altesse royale a entendu la messe dans la chapelle du palais ; les dimanches et fêtes, elle s'est rendue, matin et soir, à l'église métropolitaine, pour y remplir ses devoirs de religion. Enfin, avant son départ qui eut lieu le 14 septembre, elle assista à la procession de l'Assomption et à la fête de Saint Louis. Le jour qu'elle nous quitta fut un jour de deuil pour les Bordelais. Ils eurent cependant la satisfaction, le 26 novembre, à trois heures de l'après-midi, de revoir S. A. R. le duc d'Angoulême, vainqueur et pacificateur de l'Espagne. Ce prince magnanime se remit en route pour la capitale le 28, à six heures du matin, emportant avec lui les regrets des habitans d'avoir si peu joui de sa présence. A son arrivée à Chartres, le prince y retrouva sa vertueuse compagne qui y était venue à sa rencontre, et le lendemain, 2 décembre, il fit son entrée triomphante dans Paris.

On nous a remis une collection assez considérable de morceaux de poésie, relatifs à l'auguste couple que nous avons eu le bonheur de posséder, et dont un grand nombre porte l'empreinte d'un véritable talent poétique : tels sont entr'autres ceux de M. Couvret de Beauregard, ancien sous-préfet ; de M. J. C. Forastié, secrétaire de l'état-major de la garde nationale de Bordeaux ; de M. J. G., *etc. etc.* Beaucoup sont inédits. Nous nous proposons d'en offrir le recueil au public, s'il agrée favorablement celui que nous lui présentons aujourd'hui.

Nous ne pouvons néanmoins nous dispenser de consigner ici l'intéressante et pieuse cérémonie qui a eu lieu à l'église métropolitaine, le jour de la nativité de Notre-Dame, et dont les détails nous ont été communiqués par un témoin oculaire. Les voici :

« Les vœux de l'innocence sont presque toujours exaucés. Le 8 septembre 1823, mademoiselle Loustalet fit dire une messe dans la cathédrale pour le succès des armes de notre magnanime prince et de ses braves soldats, et présenta à la table sainte plusieurs de ses pensionnaires.

S. A. R. MADAME, duchesse d'Angoulême, voulut y assister. La fille des rois, dépouillée des grandeurs de la terre, encourageait de son auguste présence ces jeunes demoiselles qui allaient recevoir la nourriture céleste, le pain de la grace.

Avant la communion, les jeunes élèves de mademoiselle Loustalet ont chanté plusieurs stances sur l'air *god save the king*, pour attirer les bénédictions du ciel sur la famille royale et sur l'illustre princesse qui leur accordait une faveur si distinguée.

Après la messe, leurs voix justes et pures ont entonné le *domine salvum fac regem* de Plantade. Ces demoiselles font le plus grand honneur à Mr. de Mainebeau, connu par ses rares talens et ses sentimens monarchiques.

Un grand nombre de personnes distinguées de la ville ont aussi communié. L'émotion et le recueillement étaient dans tous les cœurs ; des vœux purs et sincères ont accompagné MADAME dans son palais. Tout nous présage qu'ils seront exaucés, le seigneur les a reçus dans son temple. Voici les stances :

Du séjour des heureu
Seigneur, entends nos vœux,
Nos chants pieux :
Conserve les Bourbons,
Pour eux nous t'invoquons ;
Exauce notre amour
Dans un si beau jour.

A nos cœurs attendris
Rends le fils de Louis,
L'honneur des lis.
Que le héros français,
Le nouveau Béarnais,
Conduit par toi, Seigneur,
Trouve le bonheur !

Dieu, conserve à jamais
Le bon ange de paix
Des Bordelais ;
Touchés de ses bienfaits,
Toujours les cœurs français
Pour la reine des lis
Seront réunis. »

FIN.

CALENDRIER

Pour l'an Bissextil 1824.

Articles principaux de l'Annuaire.

Années

de la période julien. 6537
de la 1re Olympde. 2598
de la fond. de Rome 2577
de Nabonassar, 2571
de l'égre. des Turcs 1239

Fêtes mobiles.

Septuagésime, 15 Févr.
Les Cendres, 3 Mars.
Pâques, 18 Avril.
Rogat. 24, 25 et 26 Mai.
Ascension, 27 Mai.
Pentecôte, 6 Juin.
Trinité, 13 Juin.
Fête-Dieu, 17 Juin.
1er Dim. de l'Av. 28 Nov.

Comput ecclésiastique.

Nombre d'or, 1
Épacte, 0
Cycle solaire, 13
Indiction romaine, 12
Lettre dominicale, DC

Quatre-temps.

10 Mars. 15 Septembre.
9 Juin. 15 Décembre.

Éclipses.

Il y aura, cette année, deux éclipses de soleil, invisibles à Paris, savoir le 26 Juin et le 20 Décembre.

TABLE DES MARÉES.

JOURS L.	MONTANT.	DESCENDANT.
1 — 16	2 23 matin.	6 54 matin
2 — 17	3 6 matin.	7 34 matin.
— 18	3 40 matin.	8 10 matin.
4 — 19	4 10 matin.	8 44 matin.
5 — 20	4 42 matin.	9 20 matin.
6 — 21	5 18 matin.	10 0 matin.
7 — 22	6 0 matin.	10 44 matin.
8 — 23	6 46 matin.	11 34 matin.
9 — 24	7 36 matin.	0 32 soir.
10 — 25	8 39 matin.	1 41 soir.
11 — 26	9 54 matin.	2 56 soir.
12 — 27	11 4 matin.	4 2 soir.
13 — 28	0 9 soir.	5 0 soir.
14 — 29	1 8 soir.	5 50 soir.
15 — 30	2 0 soir.	6 34 soir.

Nota. Les 8 et 23, il n'y a qu'un descendant, et les 13 et 28 il n'y a qu'un montant.

Les marées des 16 Février, 16 Mars et 26 Août seront les plus considérables, sur-tout si elles étaient ſavoriſées par les vents.

JANVIER.	
N. L. le 1, à 8 h. 4′ m. P. Q. le 9, à 0 h. 34′ s. P. L. le 16, à 8 h. 48′ m. D. Q. le 23.—N. L. le 31.	
1 jeu.	*Circoncision.*
2 ven.	s. Basile.
3 sam.	se. Geneviève.
4 Dim.	s. Rigobert.
5 lun.	s. Sim. St. *vig.*
6 mar.	*Epiphanie.*
7 mer.	Noces de Can.
8 jeu.	s. Lucien.
9 ven	s. Julien.
10 sam.	s. Guillaume.
11 Dim.	s. Théodore.
12 lun.	s. Ferjus.
13 mar.	s. Hilaire.
14 mer.	s. Félix.
15 jeu.	s. Maur.
16 ven.	s. Furcy.
17 sam.	s. Antoine.
18 Dim.	Ch. de s. Pier.
19 lun.	s. Sulpice.
20 mar.	s. Sébastien.
21 mer.	se. Agnès.
22 jeu.	s. Vincent.
23 ven.	s. Ildephonse.
24 sam.	s. Savinien.
25 Dim.	Conv. s. Paul.
26 lun.	se. Paule.
27 mar.	s. Jean Chris.
28 mer.	s. Charlemag.
29 jeu.	s. Franç. de S.
30 ven.	se. Bathilde.
31 sam.	s. Pierre Nol.

FÉVRIER.	
P. Q. le 8, à 3 h. m. P. L. le 14, à 7 h. 22′ s. D. Q. le 21, à 5 h. 14′ s. N. L. le 29, à 10 h. 37′ s.	
1 Dim.	s. Ignace.
2 lun.	*Purification.*
3 mar.	s. Blaise.
4 mer.	se. Jeanne
5 jeu.	se. Agathe.
6 ven.	s. Vast.
7 sam.	s. Romuald.
8 Dim.	s. Jean de M.
9 lun.	se. Apolline.
10 mar.	se. Scholastiq.
11 mer.	s. Séverin.
12 jeu.	s. Simplice.
13 ven.	s. Grégoire.
14 sam.	s. Valentin.
15 Dim.	*Septuagésime.*
16 lun.	se. Julienne.
17 mar.	se. Théodule.
18 mer.	s. Siméon, év.
19 jeu.	s. Boniface.
20 ven.	s. Eucher.
21 sam.	s. Maximien.
22 Dim.	*Sexagésime.*
23 lun.	s. Mérault.
24 mar.	*Vigile.*
25 mer.	s. Césaire.
26 jeu.	s. Onésime.
27 ven.	s. Alexandre.
28 sam.	se. Honorine.
29 Dim.	*Quinquagés.*

MARS.		AVRIL.	
P. Q. le 8, à 2 h. 8′ s. P. L. le 15, à 5 h. 35′ m. D. Q. le 22, à 11 h. 9′ m. N. L. le 30, à 3 h. s.		P. Q. le 6, à 10 h. 16′ s. P. L. le 13, à 3 h. 45′ s. D. Q. le 21, à 6 h. 9′ m. N. L. le 29, à 4 h. 23′ m.	
1 lun.	s. Aubin.	1 jeu.	s. Hugues.
2 mar.	*Mardi-gras.*	2 ven.	s. Nizier.
3 mer.	*Cendres.*	3 sam.	s. Richard.
4 jeu.	s. Casimir.	4 Dim.	*La Passion.*
5 ven.	s. Adrien.	5 lun.	s. Vincent F.
6 sam.	se. Colette.	6 mar.	s. Prudence.
7 Dim	*Quadragés.*	7 mer.	s. Clotaire.
8 lun.	s. Jean de D.	8 jeu.	s. Edèze.
9 mar.	se. Françoise.	9 ven.	s. Procope.
10 mer.	*Quatre-temps.*	10 sam.	s. Fulbert.
11 jeu.	Les 40 Mart.	11 Dim.	*Rameaux.*
12 ven.	s. Grégoire.	12 lun.	s. Jules.
13 sam.	se. Euphrasie.	13 mar.	s. Justin.
14 Dim.	*Reminiscere.*	14 mer.	s. Tiburce.
15 lun.	s. Zacharie.	15 jeu.	s. Maxime.
16 mar.	s. Abraham.	16 ven.	*Vendredi-St.*
17 mer.	se. Gertrude.	17 sam.	s. Anicet.
18 jeu.	s. Cyrille, év.	18 Dim.	PAQUES.
19 ven.	s. Joseph.	19 lun.	s. Timon.
20 sam.	s. Joachim.	20 mar.	s. Théotime.
21 Dim.	*Oculi.*	21 mer.	s. Anselme.
22 lun.	s. Paul.	22 jeu.	se. Opportune.
23 mar.	s. Victorien.	23 ven.	s. Georges.
24 mer.	se. Cath. de S.	24 sam.	s. Millit.
25 jeu.	*Annonciation.*	25 Dim.	*Quasimodo.*
26 ven.	s. Isidore.	26 lun.	s. Clet.
27 sam.	s. Jean l'her.	27 mar.	s. Anastase.
28 Dim.	*Lœtare.*	28 mer.	s. Vital.
29 lun.	s. Eustase.	29 jeu.	s. Robert.
30 mar.	s. Rieule.	30 ven.	s. Eutrope.
31 mer.	se Balbine.		

MAI.	
P. Q. le 6, à 4 h. 13′ m.	
P. L. le 13, à 2 h. 23′ m.	
D. Q. le 21, à 0 h. 35′ m.	
N. L. le 28, à 3 h. s.	
1 sam.	s. Jacq. s Ph.
2 DIM.	s. Athanase.
3 lun.	Inv. s^e^. Croix.
4 mar.	s^e^. Monique.
5 mer.	Conv. s. Aug.
6 jeu.	*s. Jean P. L.*
7 ven.	s. Stanislas.
8 sam.	App. s. Mich.
9 DIM.	Tr. s. Nicaise.
10 lun.	s. Gordien.
11 mar.	s. Mamert.
12 mer.	s. Nérée.
13 jeu.	s. Servais.
14 ven.	s. Boniface.
15 sam.	s. Anselme.
16 DIM.	s. Fort.
17 lun.	s. Aquilain.
18 mar.	s. Venance.
19 mer.	s. Yves.
20 jeu.	s. Bernadin.
21 ven.	s. Sospis.
22 sam	s^e^. Julie.
23 DIM.	s. Didier.
24 lun.	*Rogations.*
25 mar.	s. Urbin.
26 mer.	s. Quadrat.
27 jeu.	ASCENSION.
28 ven.	s. Germain.
29 sam.	s. Giraut.
30 DIM.	s. Félix, pape.
31 lun.	s^e^. Pétronille.

JUIN.	
P. Q. le 4, à 9 h 8′ m.	
P. L. le 11, à 2 h. 36′ s.	
D. Q. le 19, à 5 h. 19′ s.	
N. L. le 26, à 11 h. 37′ s.	
1 mar.	s. Clair.
2 mer.	s. Pothin.
3 jeu.	s^e^. Clotilde.
4 ven.	s. Optat.
5 sam.	*Vigile, jeûne.*
6 DIM.	PENTECOT.
7 lun.	s. Lié.
8 mar.	s. Médard.
9 mer.	*Quatre-temps.*
10 jeu.	s. Landry.
11 ven.	s. Barnabé.
12 sam.	s. Basilide.
13 DIM	*Trinité.*
14 lun.	s. Bazile.
15 mar.	s. Modeste.
16 mer.	s. Cyr.
17 jeu.	*Fête-Dieu.*
18 ven.	s^e^. Marine.
19 sam.	s. Gerv. s. Pr.
20 DIM.	s. Silvère.
21 lun.	s. Leufroi.
22 mar.	s. Paulin.
23 mer.	*Vigile, jeûne.*
24 jeu.	Nativ. s. J. B.
25 ven.	s. Prosper.
26 sam.	s. Sauge.
27 DIM.	s. Crescent.
28 lun.	*Vigile, jeûne.*
29 mar.	s. Pier. s. Paul
30 mer.	s. Martial.

JUILLET.		AOUT.	
P. Q le 3, à 2 h. 30' s. P. L. le 11, à 4 h. 19' m. D. Q. le 19, à 8 h. m. N. L. le 26, à 7 h. 7' m.		P. Q. le 1, à 10 h. s. P. L. le 9, à 7 h. 31' s. D. Q. le 17, à 8 h. 30' m. N. L. le 24—P. Q. le 31.	
1 jeu.	s. Tierry.	1 DIM.	s. P^{re}. ès liens.
2 ven.	*Visit. de N. D.*	2 lun.	s. Etienne, P.
3 sam.	s. Bertrand.	3 mar.	s^{e}. Lydie.
4 DIM.	s^{e}. Berthe.	4 mer.	s. Dominique.
5 lun.	s^{e}. Zoé.	5 jeu.	s. Yon.
6 mar.	s. Goad.	6 ven.	Transf. J. C.
7 mer.	s^{e}. Aubierge.	7 sam.	s^{e}. Victrice.
8 jeu.	s. Procope.	8 DIM.	s. Sévère.
9 ven.	s. Ephrem.	9 lun.	s. Amour.
10 sam.	s^{e}. Félicité.	10 mar.	s. Laurent.
11 DIM.	Tr. s. Benoit.	11 mer.	se. Suzanne.
12 lun.	s. Jean Gualb.	12 jeu.	s^{e}. Claire.
13 mar.	s. Eugène.	13 ven.	s. Hyppolite.
14 mer.	s. Bonavent.	14 sam.	*Vigile, jeûne.*
15 jeu.	s. Henri.	15 DIM.	ASSOMPT.
16 ven.	N.D. du M. C.	16 lun.	s. Roch.
17 sam.	s. Alexis.	17 mar.	s. Carloman.
18 DIM.	s. Arnould.	18 mer.	s^{e}. Hélène.
19 lun.	s. Vinc. de P.	19 jeu.	s. Louis, évêq.
20 mar.	s^{e}. Marguerite	20 ven.	s. Bernard.
21 mer.	s. Victor.	21 sam.	s. Privat.
22 jeu.	s^{e}. Magdelène	22 DIM.	s. Antonin.
23 ven.	s. Apollinaire.	23 lun.	s^{e}. Sidoine.
24 sam.	s^{e}. Christine.	24 mar.	s. Barthelémi.
25 DIM.	s. Jacq. maj.	25 mer.	s. LOUIS, roi.
26 lun.	se. Anne.	26 jeu.	s. Zéphirin.
27 mar.	s. Pantaléon.	27 ven.	s. Cézaire.
28 mer.	Tr. s. Marcel.	28 sam.	s. Augustin.
29 jeu.	s. Loup.	29 DIM.	s. Méderic.
30 ven.	s. Abdon.	30 lun.	s. Fiacre.
31 sam.	s. Germ. l'Aux.	31 mar.	s. Ovide.

SEPTEMBRE.		OCTOBRE.	
P. L. le 8, à 11 h. 37' m. D. Q. le 16, à 7 h, 25' m. N. L. le 22, à 10 h. 25' s. P. Q. le 29, à 11 h. 30' s.		P. L. le 8, à 4 h. m. D. Q. le 15, à 4 h. 23' s. N. L. le 22, à 8 h. m. P. Q. le 29, à 6 h. s.	
1 mer.	s. Leu, s. Gille	1 ven.	s. Remi.
2 jeu.	s. Lazare.	2 sam.	ss. Ang. gard.
3 ven.	s. Grégoire.	3 Dim.	s. Leger.
4 sam.	se. Rosalie.	4 lun.	s. François.
5 Dim.	s. Victorin.	5 mar.	s. Constant.
6 lun.	s. Eleuthère.	6 mer.	s. Bruno.
7 mar.	s. Cloud.	7 jeu.	s. Serge.
8 mer.	*Nat. de N. D.*	8 ven.	se. Pélagie.
9 jeu.	s. Omer.	9 sam.	s. Denis.
10 ven.	se. Pulchérie.	10 Dim.	s. Géréon.
11 sam.	s. Patient.	11 lun.	s. Gomer.
12 Dim.	s. Raphaël.	12 mar.	se. Wilfride.
13 lun.	s. Amé.	13 mer.	s. Reimbaut.
14 mar.	Ex. de se. Cr.	14 jeu.	s. Caliste.
15 mer.	*Quatre-temps.*	15 ven.	se. Thérèse.
16 jeu.	s. Corneille.	16 sam.	s. Gal.
17 ven.	s. Lambert.	17 Dim.	s. Gerbonnet.
18 sam.	se. Sophie.	18 lun.	s. Luc, évang.
19 Dim.	s. Janvier.	19 mar.	s. Pierre d'Alc.
20 lun.	s. Eustache.	20 mer.	s. Caprais.
21 mar.	s. Matthieu.	21 jeu.	se. Ursule.
22 mer.	s. Maurice.	22 ven.	s. Mellon.
23 jeu.	se. Thècle.	23 sam.	s. Romain.
24 ven.	s. Andoche.	24 Dim.	s. Magloire.
25 sam.	s. Firmin.	25 lun.	s. Crep. s. Cr.
26 Dim	se. Justine.	26 mar.	s. Rustique.
27 lun.	s. Côme, s. D.	27 mer.	s. Frumen. *v.*
28 mar.	s. Venceslas.	28 jeu.	s. Sim. s. Jud.
29 mer.	s. Michel.	29 ven.	s. Faron.
30 jeu.	s. Jérôme.	30 sam.	s. Lucain. *v. j.*
		31 Dim.	s. Quentin.

NOVEMBRE.		DÉCEMBRE.	
P. L. le 6, à 7 h. 41′ s. D. Q. le 14, à o h. 17′ m. N. L. le 20, à 8 h. s. P. Q. le 28, à 3 h. s.		P. L. le 6, à 10 h 24′ m. D. Q. le 13, à 7 h. 24′ m. N. L. le 20, à 10 h 43′ m. P. Q. le 28, à o h. 16′ s.	
1 lun.	TOUSSAINT	1 mer.	s. Eloi.
2 mar.	*Trépassés.*	2 jeu.	s. Fr. Xavier.
3 mer.	s. Marcel.	3 ven.	s. Eloque.
4 jeu.	s. Charles.	4 sam.	se. Barbe.
5 ven.	s. Zach·rie.	5 DIM.	s. Sabas.
6 sam.	s. Léonard.	6 lun.	s. Nicolas
7 DIM.	s. Florent.	7 mar.	se. Fare.
8 lun.	s. Godefroid.	8 mer.	*Conc. de N. D.*
9 mar.	s. Mathurin.	9 jeu.	se. Léocadie.
10 mer.	s. Juste.	10 ven.	se. Eulalie.
11 jeu.	s. Martin, év.	11 sam.	s. Daniel.
12 ven.	s. René.	12 DIM.	s. Valère.
13 sam.	s. Brice.	13 lun.	se. Luce.
14 DIM.	s. Sérapion.	14 mar.	s. Nicaise.
15 lun.	s. Malo.	15 mer.	*Quatre-temps.*
16 mar.	s. Edme.	16 jeu.	se. Adelaïde.
17 mer.	s. Agnan.	17 ven.	s. Lazare.
18 jeu.	se. Odes.	18 sam.	s. Zozime.
19 ven.	se. Elisabeth.	19 DIM.	s. Paulile.
20 sam.	s. Edmond.	20 lun.	s. Philogone.
21 DIM.	*Prés. de N. D.*	21 mar.	s. Thomas.
22 lun.	se. Cécile.	22 mer.	s. Honorat.
23 mar.	s. Clément.	23 jeu.	se. Victorine.
24 mer.	s. Séverin, St.	24 ven.	*Vigile, jeûne.*
25 jeu.	se. Catherine	25 sam.	NOEL.
26 ven.	s. Jean de la C.	26 DIM.	s. Etienne.
27 sam.	s. Maxime.	27 lun.	s. Jean évang.
28 DIM.	*Avent.*	28 mar.	ss. Innocens.
29 lun.	s. Saturnin.	29 mer.	s. Trophime.
30 mar.	s André.	30 jeu.	se. Colombe.
		31 ven.	s. Sylvestre.

www.ingramcontent.com/pod-product-compliance
Ingram Content Group UK Ltd.
Pitfield, Milton Keynes, MK11 3LW, UK
UKHW012045240726
13965UKWH00003B/1063